[畜禽疾病诊疗手册丛书]

羊病诊疗手册

苏 丹 蒋 菲 吴文学 主编

U0349452

中国农业科学技术出版社

图书在版编目 (CIP) 数据

羊病诊疗手册 / 苏丹，蒋菲，吴文学主编 . — 北京：
中国农业科学技术出版社 . 2018.6
（畜禽疾病诊疗手册丛书）
ISBN 978-7-5116-3705-5

Ⅰ . ①羊… Ⅱ . ①苏… ②蒋… ③吴… Ⅲ . ①羊病—
诊疗—手册 Ⅳ . ① S858.26-62

中国版本图书馆 CIP 数据核字 (2018) 第 106392 号

责任编辑 李冠桥
责任校对 李向荣

出 版 者　中国农业科学技术出版社
　　　　　北京市中关村南大街 12 号　邮编：100081
电　　话　(010)82109705（编辑室）　　(010)82109702（发行部）
　　　　　(010)82109709（读者服务部）
传　　真　(010)82106625
网　　址　http://www.castp.cn
经 销 者　各地新华书店
印 刷 者　北京科信印刷有限公司
开　　本　710mm×1 000mm　　1/16
印　　张　10
字　　数　173 千字
版　　次　2018 年 6 月第 1 版　　2018 年 6 月第 1 次印刷
定　　价　69.00 元

◀━━━◆▶ 版权所有 · 翻印必究 ◀◆━━━▶

《畜禽疾病诊疗手册》
丛书编委会

主　　编：李金祥

副 主 编：吴文学　王中杰　苏　丹　曲鸿飞

编　　委：（以姓氏拼音为序）

常天明　高　光　蒋　菲　李冠桥　李金祥　李秀波

李旭妮　梁锐萍　刘魁之　孟庆更　曲鸿飞　苏　丹

滕　颖　王　瑞　王天坤　王中杰　吴文学　肖　璐

闫宏强　闫庆健　张海燕　邹　杰

策　　划：李金祥　闫庆健　林聚家

《羊病诊疗手册》
编委会

主　编：苏　丹　蒋　菲　吴文学

编　委：(以姓氏拼音为序)

蒋　菲　李金祥　孟庆更　苏　丹

王中杰　吴文学　肖　璐　张海燕

序

我国是畜禽饲养大国，畜禽养殖规模和产量已经连续多年稳居世界第一。但是，由于产业结构、饲养规模和生产方式的变化以及防疫水平等原因，畜禽疫病的流行病学规律也在发生变化，近几年全国各地暴发畜禽疫病的报道屡见不鲜。畜禽疫病暴发不仅给养殖场造成巨大损失，也让广大消费者对畜禽产品质量安全忧心忡忡。

我国畜牧业"十三五"规划的整体目标中提到：到2020年，畜牧业可持续发展取得初步成效，经济、社会、生态效益明显。畜牧业发展方式转变取得积极进展，畜牧业综合生产能力稳步提升，结构更加优化，畜产品质量安全水平不断提高。为了实现畜禽产品供给和畜产品质量安全、生态安全和农民持续增收，我国兽医行业"十三五"发展总体思路中提出：进一步加强兽医科技人才队伍建设，增强自主创新能力，加强兽医基础研究，加强科技推广，提高兽医科技整体水平，进一步提高兽医人才队伍素质，为兽医事业发展提供更加坚实的科技保障。这就给广大兽医科研工作者指明了近期的工作任务与方向，同时也给基层兽医工作者在畜禽疫病的诊断和防治方面提出了新的技术要求。

因此，切实提高基层兽医工作者的临床诊断水平和疫病综合防治能力，是我国兽医工作面临的重大课题。基于此，我们邀请从事畜禽疾病研究并具有丰富临床兽医经验的中国农业大学动物医学院吴文学教授等专家撰写了一套《畜禽疾病诊疗手册》丛书。

该套丛书以解决基层兽医工作者实际需求为目标进行策划，力求实用，采用大量病例和临床照片，以图文并茂形式解读了家畜家禽疾病的发生环境、临床症状、病理变化以及预防、治疗措施等内容。这些内容对临床兽医工作者和饲养管理人员来说都是应当掌握的，其中，疾病诊断要点和综合防治措施尤为重要,是每个疾病诊疗的重点,典型症状包括对疾病诊断有帮助的临床症状和解剖变化。

该书立足文字简洁、技术实用、措施得当、便于操作,通俗易懂,直观生动,参照性强,是畜禽养殖者、基层兽医工作者的案头必备工具书,同时也是大专院校学生从业的重要参考工具书。

希望该书的出版能对兽医科技推广工作有所裨益,进一步提高基层兽医工作者的综合业务素质,确保畜禽产品供给和畜产品质量安全、生态安全和农民持续增收,为实现我国畜牧业"十三五"发展规划的任务目标贡献一份力量。

中国农业科学院副院长

李名释

前言

养羊是我国的传统畜牧产业之一，具有悠久的历史。改革开放 40 年来，养羊业经历了规模化、标准化的发展阶段，同时羊病也越来越多。在我国，羊病引起生产性能下降造成的损失、治疗费用及其他损失，每年高达数亿元以上。羊病频繁发生又未能及时有效地控制，不仅造成羊死亡率上升、生产性能下降和淘汰率增加，还造成药物残留严重超标，影响羊肉及其副产品安全。

鉴于上述情况，加上目前羊病防治方面的书籍还不多，我们编写了本书，希望能帮助畜牧兽医工作者、广大养殖单位和农牧民解决一些实际问题，甚至达到自助诊治的目的。

本书是在参阅国内外最新资料，并结合我国实际情况的基础上编写完成的。书中系统地介绍了目前养羊场常见疾病的症状、病理特征、诊断技术和防治措施，并且根据临床经验采用类症方法对常见传染病进行分类介绍，以便于广大畜牧兽医技术人员和养殖户在诊治疾病时查阅。同时本书附有典型临床和病理解剖图谱，希望本书能成为临床兽医工作者学习和查询羊病学知识、开展临床诊治工作的常用手册。

为了使读者易于读懂并更好地应用本书，我们在编写时体现系统性、准确性、安全性和实用性的要求，力求深入浅出、通俗易懂，密切结合生产实践。

由于我国标准化养羊业疾病防控标准还未健全，相关疾病的发生、发展及其防治的理论和技术体系尚未完全成熟，加上编者阅历和实践范围有限，疏漏之处在所难免，衷心希望专家、同行和读者批评指正，以便我们提高并在再版时更正。

目录

>> 第一章
羊主要呼吸系统疾病

第一节　梅迪－维斯纳病

一、概述

梅迪—维斯纳病毒（Maedi-visna virus, MVV）是引起成年羊梅迪—维斯纳病（Maedi-visna，MV）的病原。梅迪为冰岛语 maedi 的译音，意指呼吸困难。维斯纳为冰岛语 visna 的译音，意为消耗性疾病。它们都是最先在冰岛发现的绵羊病毒病。从病的特征来看，梅迪是一种进程缓慢的病毒性肺炎；维斯纳是一种进程缓慢的病毒致命性脑膜炎和脑脊髓炎。世界动物卫生组织（OIE）将该病列入《OIE 疫病、感染及侵染名录》，我国 2008 年修订的《一、二、三类动物疫病病种名录》也将该病列为二类动物疫病。

梅迪病羊具有类似维斯纳病羊的中枢神经系统病变。冰岛较早的研究资料认为，维斯纳是梅迪的神经型。最近的一些研究资料已经证实，梅迪和维斯纳是同一种病毒感染所引起的两种不同类型的疾病。

此病毒在 pH 值为 4.2 及加热至 50℃下，30 分钟易被灭活；在 –70℃可存活几个月，对乙醚、氯仿、乙醇、间位高碘酸和胰酶敏感，可被 4% 石炭酸、0.1% 福尔马林灭活。5- 溴脱氧尿嘧啶和放线菌素 D 可抑制病毒的复制。此病毒可在来自绵羊脉络膜丛、肾和涎腺的培养细胞上生长。

二、流行病学

感染动物为本病的主要传染源。目前已知仅有绵羊和山羊对本病易感，而且绵羊和山羊之间有交叉感染性。所有品种的绵羊对梅迪—维斯纳病毒易感，但只有某些品种的绵羊出现症状。

本病主要通过初乳传给新生羔羊，羔羊接触感染母羊的时间越长，发生率越高。本病同样可通过呼吸道水平传播，饲养密度过大有助于本病的传播。此外，梅迪—维斯纳病毒也可以通过污染的饮水、饲养和牧草传播。病毒可经过子宫传给胎儿，但比较少见。目前还没有从公羊的精液中检测到梅迪—维斯纳病毒的报道。无脊椎动物媒介传播尚无报道。

三、临床症状

梅迪病（呼吸型）：只见于 3 ~ 4 岁成年羊。病程通常为 4 ~ 8 个月，有的甚至数年，在羊群里扩散时开始很慢，通常见不到临诊病例。死亡率可达 20% ~ 30%。该病的潜伏期为 2 ~ 3 年，开始很不明显。在临床症状出现以前，经常会发生白细胞增多症。主要临床表现为进行性消瘦，呼吸快而费力，最后变得困难。除辅助呼吸肌参与呼吸过程外，头部和胁部经常出现有节奏的跳动。病羊经常死于继发性肺炎。

维斯纳病（神经型）：见于 2 岁以上的绵羊。病羊经常落群。后肢容易失足、发软，体重减轻。随后距关节不能伸直，休息时经常跗骨后段着地。四肢麻痹逐渐发展，行走困难，用力后容易疲乏。有时唇和眼睑震颤，头稍微偏向一侧。自然感染和人工感染病例的病程很长，往往可达数年，然后出现偏瘫或完全麻痹。病的发展有时呈波浪式，中间出现轻度缓解。过度用力或重复全身麻醉可加速病的发展。

四、病理变化

梅迪病：剖检变化限于肺及其局部淋巴结。病重者肺的重量要比正常时大 2 ~ 4 倍，体积也有增加，但体积变化不如重量的变化明显。在开胸后，肺脏其塌陷程度很小。肺增大后的形状正常。病部组织致密，质地如肌肉，触之有橡皮样感觉。健康肺的粉红色被特殊的灰棕色所代替。膈叶的变化最大，心叶和尖叶次之。如给病变部切面滴加醋酸，很快便会出现针尖大小的小结节。健康组织与病变组织之间并无明显界线。局部淋巴结大而软，切面均质发白。

维斯纳病：剖检时见不到特异变化，病期很长，后肢肌肉经常萎缩。少数病例的脑膜充血，白质的切面上有灰黄色小斑。镜检损伤主要表现为脑膜下和脑室膜下出现浸润和网状内皮系统细胞增生。

五、诊断

依据临床症状、流行特点、病理变化可作出初步诊断。可用琼脂扩散试验，补体结合试验以及病毒中和试验等血清学方法测定病羊血清中抗体，发现阳性者即可确诊。也可作病毒分离培养及动物试验。实验操作方法可参照 NY/T 565—2002《梅迪－维斯纳病琼脂凝胶免疫扩散试验方法》和 SN/T 3091—2012《梅迪－维斯纳病检疫规程》等行业标准进行。

在鉴别诊断方面，需要与绵羊肺腺瘤病、痒病等进行区别。

与绵羊肺腺瘤病的区别：梅迪－维斯纳病与绵羊肺腺瘤病在临床上均表现为进行性病程，很难区别。但在病理组织学上，绵羊肺腺瘤病以增生性、肿瘤性肺炎为主要特征，可发现肺泡上皮细胞和细支气管上皮细胞异型增生，形成腺样构造；而梅迪病则以间质性肺炎为特征，间质增厚变宽，平滑肌增生，支气管和血管周围淋巴样细胞浸润，血清学试验也可区别。

与痒病的区别：一些不呈瘙痒症状的痒病患羊，在临床上可能与维斯纳病相似。但在病理组织学上，痒病的特异性变化是神经元空泡化，即海绵样变性，而维斯钠病则呈现弥漫性脑膜炎变化，具有明显的细胞浸润和血管套现象，以及弥漫性脱髓鞘变化。此外，痒病缺乏免疫学反应，而梅迪—维斯纳病可用血清学方法检出特异抗体。

六、防治措施

尚无有效治疗方法。为了消灭本病，应对病羊施行全部屠宰。病尸或污染物应销毁或作无害化处理。圈舍、饲管用具应用2%氢氧化钠或4%石炭酸消毒。定期对羊群进行血清学检测，即时淘汰有临床症状及血清学阳性的羊及其后代，以清除本病，净化畜群。应从未发生本病的国家和地区引进种羊。动物进口前30天进行梅迪—维斯纳病琼脂扩散试验，结果阴性者方可启运。口岸检疫中，如发现梅迪—维斯纳病阳性动物，则作扑杀销毁处理，同群动物严格隔离观察。

第二节　绵羊肺腺瘤病

一、概述

绵羊肺腺瘤病（ovine pulmonary adenomatosis, OPA）是由一种反转录病毒，即绵羊肺腺瘤病毒（ovine pulmonary adenomatosis virus, OPAV）引起的慢性、传染性绵羊肺脏肿瘤病。其特征是病的潜伏期长，病羊肺部形成腺体样肿瘤。我国2008年修订的《一、二、三类动物疫病病种名录》将该病列为三类动物疫病。

二、流行病学

各品种和年龄的绵羊均能发病。本病的潜伏期长，出现临诊症状的多为2～4岁成年绵羊。在苏格兰，绵羊肺腺瘤病的发病率有时在一个牧群中最高可达20%左右，同时潜伏期缩短，当年出生的10月龄羔羊也可见绵羊肺腺瘤病的临诊症状，给养羊业带来极大的经济损失。绵羊肺腺瘤病在一个地区或一个牧场一旦发生，很难彻底消灭。本病一般都以死亡而告终。山羊对绵羊肺腺瘤病有一定的抵抗力，但在有些国家有山羊鼻内肿瘤报道。

绵羊肺腺瘤病可经呼吸系统传播。病羊肺内肿瘤发展到一定阶段时，肺内出现大量分泌物，病羊通过呼吸及低头采食，将含有传染性病毒的悬滴或飞沫排至外界环境中或污染草料，被易感染绵羊吸入而感染。尤其在密闭的圈舍中，羊只拥挤，更有利于本病传播。随着气候的逐渐寒冷或阴雨气候，病羊的临诊症状更加明显，如并发其他细菌性肺炎或绵羊进行性肺炎，则病程大大缩短。

三、临床症状

绵羊肺腺瘤病潜伏期为数月至数年。自然病例出现临诊症状最早的为当年出生的羔羊，但多见 2 ～ 4 岁的成年绵羊。实验室接种新生羔羊 3 ～ 6 个星期可引起发病，随着肺内肿瘤的不断增长，病羊表现呼吸困难。尤其在剧烈运动或长途驱赶后，病羊呼吸加快更加明显。当病程发展到一定阶段，病羊肺内分泌物增加，可听到湿性啰音。当病羊低头采食时，从鼻孔流出大量水样稀薄的分泌物，污染草场或饲槽。此时如抬起病羊后肢，放低头部，可采集大量的含有传染性病毒的水样分泌物，这一点也可作为绵羊肺腺瘤病的生前诊断。一般来说，病羊体温不高，逐渐消瘦，偶见咳嗽，最后病羊由于呼吸困难、心力衰竭而死亡。

四、病理变化

病羊尸体剖检时，主要的病理变化仅限于肺脏。肺脏由于肿瘤的增生而体积增大，有的可达正常肺的 2 ～ 3 倍。肺脏与胸腔发生纤维素性粘连。肿瘤增生多见于肺尖叶、心叶、膈叶前缘及左右肺边缘。病变部位稍高出肺组织表面。特别在该病的后期，小的肿瘤逐渐融合成大的团块，甚至取代部分肺组织，病变部位变硬，失去原有的色泽和弹性，像煮过的肉或呈紫肝色。切面有许多颗粒状凸起物，外观湿润，用刀刮后可见有许多灰黄色脓样物。支气管及纵膈淋巴结肿瘤增生，体积增大数倍。

五、诊断

依据流行特点、临床症状、病理变化可作出初步诊断，通过分子生物学、血清学等方法进行辅助诊断。具体可参照 GB/T 34736—2017《绵羊肺腺瘤病毒核酸斑点杂交检测技术》和 SN/T 3484 — 2013《绵羊肺腺瘤病检疫技术规范》等国家标准或行业标准进行诊断。

与羊痘的鉴别：羊痘的痘疹多为全身性，而且病羊体温升高，全身反应严重。痘疹结节呈圆形突出于皮肤表面，界限明显，似脐状。

六、防治措施

本病毒流行时，病羊应隔离饲养，禁止放牧，圈舍每2天用百毒杀（或其他药也可）消毒1次，连用6~9天，防止病原体传播。可先用水杨酸软膏软化痂垢，除去痂垢后再用0.1%~0.2%高锰酸钾溶液冲洗创面，然后涂2%龙胆紫，碘甘油溶液、土霉素软膏每日1~2次。口腔脓疱用0.1%~0.2%高锰酸钾或生理盐水冲洗创面后，涂撒冰硼散，每天2次连用7天，痊愈为止。继发咽炎或肺炎者，肌内注射青毒素或磺胺嘧啶钠。

第三节　山羊关节炎-脑炎

山羊关节炎—脑炎（caprine arthritis-encephalitis, CAE）是由山羊关节炎—脑炎病毒（caprine arthritis-encephalitis virus, CAEV）引起的山羊的一种慢性病毒性传染病。世界动物卫生组织（OIE）将该病列入《OIE 疫病、感染及侵染名录》，我国 2008 年修订的《一、二、三类动物疫病病种名录》也将该病列为二类动物疫病。其主要特征是成年山羊呈缓慢发展的关节炎，间或伴有间质性肺炎和间质性乳房炎。详见"第四章第三节山羊关节炎—脑炎"中的"肺炎型"。

第四节　结核病

一、概述

结核病（tuberculosis）是由结核分枝杆菌（Mycobacterium tuberculosis）引起的人畜共患的慢性传染病。其病理特征是多种组织器官形成肉芽肿，干酪样和钙化结节；临床特征表现为贫血、渐进性消瘦、体虚乏力、精神萎靡不振和生产力下降。

二、流行病学

结核病世界各国普遍流行，特别是在气候温和、地势低洼、潮湿的地区发病较多。

奶牛最易感，其次是黄牛、牦牛、水牛，猪和家禽易感性也较强，羊极少患病。

患病的畜禽和人，特别是开放型结核病患畜禽和人是本病的主要传染来源。通过其粪尿、乳汁、痰液以及生殖道分泌物等向外排菌，污染饲料、饮水、空气和环境而散播。

本病主要通过呼吸道感染和消化道感染。也可以通过损伤的皮肤、黏膜或胎盘而感染。羊主要通过消化道感染本病，也可通过空气和生殖道感染。

本病无明显的季节性和地区性，多为散发。不良的环境条件，以及饲养管理不当，可促使结核病的发生。如饲料营养不足，矿物质、维生素的不足；厩舍阴暗潮湿、密度过大；阳光不足，运动缺乏，环境卫生差，不消毒，不定期检疫等。

三、临床症状

病羊体温多正常，有时稍升高。消瘦，被毛干燥，精神不振，多呈慢性经过。当患肺结核时，病羊咳嗽，流脓性鼻液；当乳房被感染时，乳房硬化，乳房淋巴结肿大；当患肠结核时，病羊有持续性消化机能障碍，便秘，腹泻或轻度胀气。羊结核急性病例少见。

四、病理变化

病羊尸体消瘦，黏膜苍白，在肺脏、肝脏和其他器官以及浆膜上形成特异性结核结节和干酪样坏死灶（图 1-1，图 1-2）。干酪样物质趋向软化和液化，并具明显的组织膜是山羊结核结节的特征。原发性结核病灶常见于肺脏和纵膈淋巴结，可见白色或黄色结节，有时发展成小叶性肺炎。在胸膜上可见灰白色半透明珍珠状结节，肠系膜淋巴结有结节病灶。

图 1-1　患病羊肺脏可见白色或黄色结节　　　图 1-2　患病羊肝脏形成特异性结核结节
和干酪样坏死灶

五、诊断

根据不明原因的渐进性消瘦、咳嗽、肺部异常、慢性乳腺炎、顽固性下痢、体表淋巴结慢性肿胀等可初步诊断。对有症状者，可采取分泌物或排泄物进行细菌学检验。PCR 和多重 PCR 检测技术可直接检测样品中的结核分枝杆菌，全血、奶样、组织、痰液等标本均可作为被检样品。动物死后根据特征性病变易确诊。结核菌素皮内变态反应试验是目前国内外应用最多的分枝杆菌检测方法，也是 OIE 推荐的结核病诊断方法。具体操作方法可参照 OIE《陆生动物诊断试验和疫苗标准手册》或国家标准 GB/T 18645－2002《动物结核病诊断技术》、GB/T 27639－2011《结核病病原菌实时荧光PCR 检测方法》等进行诊断。

六、防治措施

定期对羊进行临床检查，发现阳性者，及时采取隔离消毒措施，利用价值不大者应扑杀，以免传染健康羊。治疗可用异烟肼、链霉素等药物。链霉素按每千克体重 10 毫克，肌内注射，1 日 2 次，连用数日。异烟肼按每千克体重 4 ~ 8 毫克，分 3 次灌服，连用 1 个月。病羊所产乳汁，要单独存放、煮沸消毒；所产羊羔用 1% 来苏儿洗涤消毒后，隔离饲养，3 个月后进行结核菌素试验，阴性者方可与健康羊群混养。

第五节　链球菌病

一、概述

链球菌病（streptococcusis）主要由 β 溶血性链球菌（streptococcus）引起的多种人畜共患病的总称。动物中以猪、牛、羊、马、鸡常见，水貂、兔和鱼类也有发生链球菌病的报道。临床症状表现多样，可以引起化脓疮和败血症，也可表现各种局限性感染。其症状以败血症、脑膜炎为主，少数以关节炎型为特征，且常与其他病原菌合并感染。

二、流行病学

本病绵羊最易感，山羊次之。病羊和带菌羊是本病的主要传染源，可经呼吸道和损伤的皮肤传播。本病的发生与气候的急剧变化有关。新疫区多在冬春季呈流行性发生，老疫区散发。发病率 15% ~ 24%，病死率 80% 以上。

三、临床症状

潜伏期 2 ~ 7 天，少数可达 10 天。

最急性型：病羊初发症状不明显，常于 24 小时内死亡，或在清晨检查圈舍时发现死于圈舍内。

急性型：41℃以上，精神沉郁，垂头、弓背、呆立、懒动。食欲减退或绝食，反刍停止。结膜充血、流泪，随后流出浆液性分泌物。鼻腔流出浆液性或脓性鼻汁。咽喉肿胀，咽背和颌下淋巴结肿大，呼吸困难，流涎、咳嗽。粪便带黏液或血液。孕羊阴门红肿，多发生流产。有的头和乳房肿胀。病程 2 ~ 3 天。

亚急性：体温升高，食欲减退。流黏液性透明鼻汁，咳嗽，呼吸困难。粪软稀带黏液或血液，喜卧懒动，步态不稳。病程 1 ~ 2 周。

慢性型：轻度发热、消瘦、食欲不振、腹围缩小、步态僵硬。有些病羊有咳嗽症状，有些病羊患有关节炎。病呈 1 个月左右死亡。

四、病理变化

各个脏器广泛性出血，淋巴结肿大、出血。鼻、咽喉和气管黏膜出血。肺水肿、出血、胸、腹腔积液及心包液增量。心外膜出血，有肝变，胆囊肿大 2 ~ 4 倍，胆汁外渗。肾脏变软，有贫血性梗塞区。各个器官浆膜附有黏稠的纤维素性渗出物。

五、诊断

本病诊断要点：病呈稍缓，有咽喉炎和肺炎，头和乳房肿胀，眼、鼻有浆液性脓性分泌物，剖检各器官表面附有纤维蛋白，全身性出血。

病原检查可采各脏器及胸腹水涂片，美兰染色，可见单个、成对、短链或偶见 10 个长链球菌，应注意与巴氏杆菌和双球菌区别。

病料于鲜血琼脂平板上划线培养，培养 24 ~ 48 小时，可见 β 型溶血的细小菌落。动物接种可用兔，做皮下或腹腔接种，增殖细菌。

鉴别诊断注意与炭疽、巴氏杆菌病、羊快疫进行区别。

六、防治措施

加强饲管，注意气候变化。建立健全羊舍隔离消毒制度。链球菌对热和普通消毒药抵抗力不强，煮沸立即死亡，日光直射 2 小时死亡，2% 石炭酸、0.1% 来苏儿等 3～5 分钟内杀死。对低温耐受力较强，0℃ 下可存活 150 天，冷冻 6 个月特性不变。

免疫措施：在发病季节之前用羊链球菌氢氧化铝甲醛菌苗免疫，不分大小一律皮下注射 3 毫升，3 个月龄以下的羔羊，在第一次注射后 2～3 周再注射一次，用量 3 毫升。免疫期半年以上。

发病羊群立即实施隔离封锁。对尚未发病的羊只或邻近已受威胁的羊群均可用羊链球菌氢氧化铝甲醛菌苗进行紧急接种。消毒可用 1% 福尔马林，2% 氢氧化钠等消毒。

病羊隔离治疗，可用磺胺嘧啶或青霉素注射。早期治疗可有满意效果。死羊应焚毁或深埋。

第六节　巴氏杆菌病

一、概述

巴氏杆菌病（pasteurellosis）是由多杀性巴氏杆菌（Pasteurella multocida）引起的多种动物的一种败血性传染病。又称出血性败症。急性病例以败血症和炎症出血过程为主要特征，慢性病例的病变只限于局部器官。

绵羊多杀性巴氏杆菌病以幼龄绵羊和羔羊发生高热、呼吸困难、皮下水肿为特征。山羊多杀性巴氏杆菌病是一种以肺炎为特征的急性传染病。

二、流行病学

多杀性巴氏杆菌对多种动物和人均有致病性。家畜中以牛、猪发病较多，绵羊、家禽、兔也易感。病畜和带菌畜为传染来源，主要经消化道感染，其次通过飞沫经呼吸道感染，亦有经皮肤伤口或蚊蝇叮咬而感染的。

本菌为条件病原菌，常存在于健康畜禽的上呼吸道和扁桃体，与宿主呈共栖状态。当动物饲养在不卫生的环境中，由于感受风寒、过度疲劳、饥饿等因素使机体抵抗力降低时，该菌乘虚侵入体内，经淋巴液入血液引起败血症。该病常年可发生，在气温变化大、阴湿寒冷时更易发病。该病常呈散发性或地方流行性发生。

三、临床症状

绵羊巴氏杆菌病分为最急性型、急性型和慢性型 3 种。

最急性型：多见于哺乳羔羊，往往突然发病、寒战、虚弱、呼吸困难，于数小时内死亡。

急性型：精神沉郁，不食，体温升高到 41~42℃。呼吸急促，咳嗽，鼻孔常出血，有时混有黏液性分泌物，眼结膜潮红，有黏性分泌物。病初期便秘，后期腹泻，有的有血便。颈部，胸下部发生水肿。病羊常虚脱死亡。

慢性型：病羊消瘦、食欲不振，流出黏液脓性鼻液，咳嗽，呼吸困难，胸下及腹部发生水肿。病羊腹泻并有恶臭，最后极度衰弱死亡。

山羊巴氏杆菌病呈格鲁布性肺炎（又称纤维素性肺炎）的病症，表现发热、咳嗽、黏液性化脓性鼻液，呼吸困难和胸廓两侧有浊音，听诊有支气管呼吸音。病的后期，四肢麻痹、卧地不起而死亡。病程平均 10 天。存活的山羊表现长期咳嗽。

四、病理变化

绵羊皮下有液体浸润和小点出血。胸腔有黄色积液，肺淤血、小点出血和肝变（图1-3），气管内大量泡沫状液体（图1-4），偶见黄豆大乃至胡桃大的化脓灶。胃肠道有出血性炎症（图1-5）。脾脏不肿大，其他脏器水肿和淤血（图1-6），或有小出血点（图1-7），病程稍长的尸体皮下呈胶样浸润，常见纤维性胸膜肺炎和心包炎，肝有坏死灶。

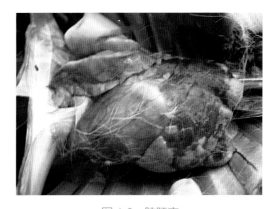

图 1-3　肺肝变

图 1-4　气管内泡沫状液体

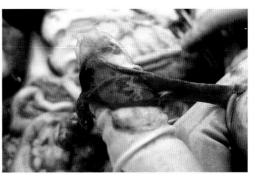

图 1-5　肠道出血性炎

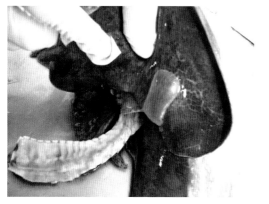

图 1-6　肝脏淤血、水肿

图 1-7　心内膜出血

病死山羊尸可见一侧或两侧肺脏的前下部有小叶性肝变，肝变区切面干燥，呈颗粒状，暗红或灰红色。该处胸膜上覆盖一层纤维素膜，有时见有坏死灶或形成空洞，内含有干酪样物。

五、诊断

按本病的流行病学特点、特异性症状和病理变化，可以作出初步诊断，如果确诊可以作细菌学检验。鉴别诊断本病应与肠毒血症、急性肺炎、链球菌病相区别。

六、防治措施

（1）加强饲养管理，消除发病诱因，增强抵抗力。

（2）羊场保持清洁卫生和定期消毒。

（3）发现病羊立即隔离治疗，全场消毒。对初期病例，可应用抗巴氏杆菌免疫血清，对病羊每天肌内或皮下注射 50～100 毫升，效果很好。土霉素口服每 50 千克体重 10～20 毫克或皮下、肌内注射 200～400 毫克；或头孢噻呋每千克体重 2.2 毫克，一次肌内注射，每日 1 次或 2 次；或红霉素每千克体重 5.5 毫克，一次静脉注射，每日 2 次。也可将血清和抗生素同时应用。多杀性巴氏杆菌在干燥和直射阳光下很快死亡，高温立即死亡，一般消毒液均能迅速杀死，对磺胺、土霉素类敏感。

第七节　山羊传染性胸膜肺炎

一、概述

山羊传染性胸膜肺炎（contagious caprine pleuropneumonia, CCPP）是由山羊支原体山羊肺炎亚种（Mycoplasma capricolum subsp. Capripneumoniae）所致山羊特有的急性或慢性、高度接触性传染病。本病仅发生于山羊，以呈现纤维素性肺炎和胸膜炎为特征。

二、流行病学

在自然条件下，本病仅感染山羊，3 岁以下的山羊最易感。病羊是本病的主要传染源。在疫区常有营养不良而体温正常的山羊，但剖检时其肺脏常有陈旧的肺炎病灶，这类病羊往往是传染源。有些地区不经检疫而引进这种羊，会引起本病的暴发。

本病传染方式主要是接触感染，通过空气飞沫经呼吸道传播而发病，人工感染绵羊、兔、豚鼠不发病。本病呈地方流行性，阴雨连绵、寒冷潮湿、羊群密集、拥挤等因素易于发病，多在山区和草原发生。在冬季和早春枯草季节，山羊缺乏营养，极易感冒，加之机体抵抗力降低，较易发病。发病率和病死率都较高。

三、临床症状

本病的潜伏期，平均为 18 ~ 20 天，最短为 3 ~ 6 天，最长为 30~40 天。根据病程和临床症状，分为最急性、急性和慢性 3 种类型。

最急性型：病的初期，体温升高达 41 ~ 42℃，精神极度委顿，拒食。呼吸急促，每分钟达 40 ~ 45 次。咳嗽，并流浆液带血鼻液；肺部叩诊呈浊音或实音，呼吸极度困难。每次呼吸全身颤动；黏膜明显充血、发绀，目光呆滞，呻吟哀鸣，不久窒息死亡。死前体温下降至正常温度以下。

急性型：常见病初体温升高，食欲减退，呆立一隅，不愿走路，继之出现短而湿的咳嗽，伴有浆液性鼻液。4 ~ 5 天后，咳嗽而有痛感，鼻液转为黏液脓性并呈铁锈色，附于鼻孔和唇，结成棕色痂皮垢。听诊有实音区，呈支气管呼吸音和摩擦音。按压胸壁表面敏感、疼痛。当高热稽留不退时，则食欲废绝，呼吸很困难并有呻吟。眼睑肿胀，流泪或有黏液性眼汁，口中向外流出泡沫样口涎。腰背拱起，腹肋紧缩。孕羊大部分流产（70% ~ 80%），有的发生腹胀和腹泻，甚至口腔发生溃烂，唇、乳房等部的皮肤发疹。最后病羊卧倒，极度衰弱而死。未死亡者，转为慢性比例。

慢性型：多由急性病例转变而来。全身症状较轻，体温40℃左右。病羊有时咳嗽和腹泻，鼻涕时有时无，体况衰弱、被毛粗乱无光。若饲养管理不当，机体抵抗力低时，容易复发或出现并发症而造成死亡。一般转归良好，如屠宰检查，可见肺部和胸壁留有慢性病痕。

四、病理变化

本病的病变多局限于胸腔内脏器官。多在一侧肺脏发生严重的浸润和明显的肝变，其肝变区凸出肺表面，颜色由红至灰不等，切面呈大理石花纹状（图1-8，图1-9）；纤维蛋白渗出液充盈使肺小叶间组织变宽，小叶界限明显；支气管扩张，血管内血栓形成。胸腔常有淡黄色液体，多者达500～2 000毫升，暴露于空气后，可发生纤维蛋白凝块（图1-10）。胸膜变厚而粗糙，上有黄白色纤维蛋白层附着直

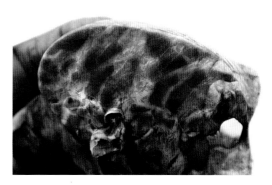

图1-8 患病羊肺切面平整，质地坚实，同一切面上有淡红色、暗红色、灰色及灰红色病变而呈现大理石样

至胸膜与肋膜、心包发生粘连。心包积液，心肌松弛变软。急性病例还可见肝、脾肿大，胆囊肿胀。肾肿大，被膜下有小点溢血。

图1-9 患病羊肺灰色，质地致密

图1-10 患病羊胸肋膜变厚，附着粗糙的纤维素

五、诊断

根据临床症状、病理变化特征可初步诊断，必要时可进行病原学和血清学检查进

行确诊。具体可参照 GB/T 34720—2017《山羊接触传染性胸膜肺炎诊断技术》或 SN/T 2710—2010《山羊传染性胸膜肺炎检疫技术规范》等国家或行业标准进行诊断。

本病应与巴氏杆菌病、山羊传染性无乳症等病进行鉴别。巴氏杆菌对小鼠和兔接种后可引起死亡，本病则不能。从细菌学上，巴氏杆菌在血液琼脂培养时，可见明显菌落，本菌则不能。山羊传染性无乳病对绵羊可引起发病，而本病则不能。

六、防治措施

应用新肿凡纳明（914）治疗和预防均有效。按体重 5 ~ 10 千克的羔羊 0.1 克，15 千克左右的大羔羊用 0.15 克，20 千克左右幼龄羊用 0.2 ~ 0.3 克，30 千克左右的壮年羊用 0.4 ~ 0.5 克治疗，病重的羊可在第 1 次注射后的 3 ~ 4 天，再按原量或酌减剂量重复注射 1 次。

此外，可用土霉素、或用磺胺嘧啶配成 4% 水溶液皮下注射治疗。

本病自然耐过的山羊可获得免疫力。新疫区可用山羊传染性胸膜肺炎氢氧化铝组织灭活疫苗对山羊进行免疫。

本病是接触性传染，因此在本病发生时，如果能严格遵守防疫制度，做好检疫，防止病羊移动，进行隔离消毒，并严禁外地山羊进入等。

当发现病羊时应作如下处理。

（1）对病羊进行隔离，并用"914"治疗，治愈的羊放入治愈羊群中饲养，但不能放入健康羊群中。

（2）如病羊不多，可屠杀病羊。皮、毛可用 5% 克辽林浸泡 24 小时或用 0.7% 氯胺溶液浸泡 13 小时。对疫病群中还没有出现症状的山羊，应封锁在一定地区饲养，同时普遍注射疫苗，在注射疫苗后 10 天内，做多次检查，凡出现症状或体温高热持续 2 天以上的，应进行隔离治疗。

（3）对疫区的山羊或疫群均应作疫苗接种。疫区周围的羊也应进行疫苗接种。

（4）病羊的畜舍、用具等用 3% 克辽林、1% ~ 2% 氢氧化钠、10% 漂白粉或 20% 草木灰进行消毒。垫草须彻底清除或烧掉。

（5）有的病羊转为慢性，因此在疫病停止发生或病羊治愈后，必须再经过 2 个月左右的隔离观察，如果不再发现病羊可解除封锁。从外地移入的山羊，应进行检疫隔离 1 个月后方可混群。

第八节　羊棘球蚴病

一、概述

羊棘球蚴病（echinococcosis）又称包虫病（hydatidosis），是由于棘球绦虫的幼虫棘球蚴寄生引起的一种羊寄生虫病，同时也是是人畜共患病。世界动物卫生组织（OIE）将该病列入《OIE疫病、感染及侵染名录》，我国2008年修订的《一、二、三类动物疫病病种名录》也将该病列为二类动物疫病。

二、流行病学

细粒棘球蚴为世界性分布，在我国主要以西北、东北、内蒙古、华北等地较为常见。绵羊的感染率在50%以上，也有的地区甚至高达100%。人的感染多因直接接触此虫犬致使虫卵粘在手上再经口感染。绵羊是细粒棘球绦虫的最适宜中间宿主，所以绵羊的感染率最高。成虫寄生于犬、狼小肠内，其含有虫卵的节片，随着犬、狼的粪便排出，污染饲草和饮水，羊采食时食入包含虫卵的节片，卵内的六钩蚴在消化道逸出，钻入肠壁，随血流或淋巴散布到身体各处（肝、肺是最常被侵害的脏器），缓慢地生长发育为棘球蚴。羊死后，犬吞食了带棘球蚴的羊内脏而感染细粒棘球绦虫。

三、临床症状

因寄生部位不同，临床症状不同。病羊表现缺乏营养，体质消瘦，被毛逆立、粗乱，且容易发生脱落，结膜通常呈苍白色，部分会发生黄染，排出糊状粪便，无力反刍，往往伴有臌气，导致腹部右侧明显膨大，对肝脏进行触诊发现体积增大（图1-11），进行叩诊发现浊音区明显扩大，并伴有疼痛感。如果肝脏容积极度增大，能够发现右侧腹部略有膨大。寄生大量虫体时，病羊会长时间出现慢性的呼吸困难，

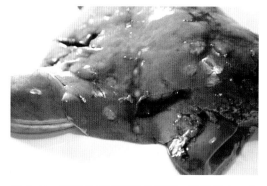

图1-11　患病羊肝表面凹凸不平，重量增大，有数量不等的棘球蚴囊泡突起

并伴有轻度的咳嗽，非常特殊，且咳嗽发作时往往会躺在地上。对肺部进行叩诊，能

够在不同部位听到发出局限性半浊音的病灶。对病灶进行听诊，发现肺泡呼吸音非常微弱或者彻底消失。

四、病理变化

病变主要表现在虫体经常寄生的肝脏和肺脏。肝、肺表面凸凹不平，重量增大，表面可见数量不等的棘球蚴囊泡凸起；肝、肺实质中亦有数量不等、大小不一的棘球蚴包囊。

五、诊断

本病初期诊断以临床症状鉴别诊断为主，根据剖解病死羊见典型的肝肺组织结节性病变，可基本确诊。也可参照农业行业标准 NY/T 1466—2007《动物棘球蚴病诊断技术》，通过间接血球凝集试验（IHA）和酶联免疫吸附试验（ELISA）进行进一步诊断。

六、防治措施

加强卫生检验工作，对有棘球蚴寄生的内脏一律烧毁或深埋，严禁用来喂犬和随便丢弃；要防止饲草、饮水被犬粪污染。对牧羊犬和家犬至少每个季节进行 1 次驱虫，常用驱虫药物：吡喹酮，按每千克体重 5～10 毫克，1 次灌服；氢溴酸槟榔碱，按每千克体重 1～4 毫克，1 次灌服，服药后拴留一昼夜，并将所排出的粪便烧毁或深埋。该病可参照国家标准 GB/T 19526—2004《羊寄生虫病防治技术规范》进行防治。

目前本病尚无有效治疗方法，比较可靠的方法是手术摘除棘球蚴或切除被寄生的器官。

第九节　羊狂蝇蛆病

一、概述

羊狂蝇（Oestrus ovis Linnaeus，1761）又称羊鼻蝇，它的幼虫寄生于羊的鼻腔或其附近的腔窦中，引起慢性鼻炎。临床上以流鼻涕为特征。羊狂蝇属于狂蝇科、狂蝇属，形状似蜜蜂，头大呈黄色，体表密生短细毛，有黑斑纹，翅透明，口器退化。

二、发育史

成虫野居，不采食，交配后，雄蝇死亡。雌蝇生活至体内幼虫形成后，冲向羊鼻产出幼虫（一次产幼虫 20～40 只），每只雌虫数天内可产幼虫 500～600 只。幼虫迅即爬入鼻腔，在其中蜕化 2 次，变为第 3 期幼虫，再逐渐移向鼻孔，随羊打喷嚏时，幼虫被喷出，落地入土化蛹，蛹期为 1～2 个月，最后从蛹羽化为成虫。

三、流行特点

羊狂蝇蛆主要寄生于绵羊，间或寄生于山羊。在较冷地区，第 1 期幼虫生活期约 9 个月，蛹期可长达 49～66 天；温暖地区，第 1 期幼虫需 25～35 天，蛹期为 27～28 天。因此，本虫在我国北方每年仅繁殖 1 代，而在温暖地区，则每年繁殖 2 代。

四、临床症状

成虫在侵袭羊群产幼虫时，羊只不安，互相拥挤，频频摇头，喷鼻，或以鼻孔抵于地面，或以头部埋于另一羊的腹下或腿间，严重扰乱羊的正常生活和采食，使羊生长发育不良，消瘦。

当幼虫在羊鼻腔内固着或移动时，以口前钩和体表小刺机械地刺激和损伤鼻黏膜，引起黏膜发炎和肿胀，鼻腔流出浆液性或脓性鼻液，干涸后形成鼻痂，并使鼻孔堵塞，呼吸困难，患羊表现为打喷嚏、摇头、甩鼻子、磨牙、磨鼻、眼睛浮肿、流泪、食欲减退、日益消瘦，数日后症状逐渐减轻，但发育到第 3 期幼虫时，虫体增大，变硬，并逐步向鼻孔移动，症状又有所加剧。少数第 1 期幼虫可移行入鼻窦，致鼻窦发炎，甚或累及脑膜，患羊表现运动失调，作旋转运动。

五、诊断

根据症状和流行病学，可初诊为本病。为了早期确诊，可用药液喷入羊鼻腔，收集用药后的鼻腔喷出物，发现死亡的幼虫，即可确诊。

六、防治措施

该病可参照国家标准 GB/T 19526—2004《羊寄生虫病防治技术规范》进行防治。

在本病流行严重的地区，应重点消灭幼虫，每年夏、秋季节，应定期用 1% 敌百虫喷、擦羊的鼻孔。治疗可用伊维菌素按每千克体重 0.2 毫克，皮下注射。氯氰柳胺按每千克体重 5 毫克口服，或每千克体重 25 毫克，皮下注射，可杀死各期幼虫。

第十节　感冒

一、概述

感冒是因受寒冷的刺激而引起的以上呼吸道炎症为主的急性热性全身性疾病。临床上以咳嗽，流鼻液，羞明流泪，前胃弛缓为特征。本病无传染性，各种动物均可发生，但以幼弱动物多发，一年四季都可发生，但以早春和晚秋、气候多变季节多发。

二、发病原因

本病的根本原因是各种因素导致的机体抵抗力下降。寒冷因素的作用，如厩舍条件差，贼风侵袭；羊只突然在寒冷的条件下露宿，采食霜冻冰冷的食物或饮水。长途运输被雨淋、风吹等。营养不良、维生素、矿物质、微量元素的缺乏。体质衰弱或长期封闭式饲养，缺乏耐寒训练。

三、临床症状

发病较急，病羊精神沉郁，食欲减退或废绝，呈现前胃弛缓症状。有的体温升高，皮温不整，多数病羊耳尖、鼻端发凉。结膜潮红或轻度肿胀，羞明流泪。咳嗽，鼻塞，病初流浆性鼻液，随后转为黏液或黏液脓性。呼吸加快，肺泡呼吸音粗粝，若并发支气管炎时，则出现干性或湿性啰音。心跳加快。

本病病程较短，一般经 3 ~ 5 天，全身症状逐渐好转，多呈良性经过。若治疗不及时，特别是幼羊易继发支气管肺炎或其他疾病。

四、诊断

根据受寒病史，体温升高、皮温不均、流鼻液、流泪、咳嗽等主要症状，可以诊断。

在诊断时应注意与流行性感冒进行鉴别。流行性感冒体温突然升高达 40 ~ 41℃，全身症状较重，传播迅速，有明显的流行性，往往大批发生。

五、防治措施

病羊应充分休息，多给饮水，营养不良时应适当增加精料，增强机体耐寒性锻炼，防止突然受寒。治疗原则以解热镇痛，抗菌消炎控制继发感染为主，适当调整胃肠机能。

（1）解热镇痛。

① 30% 安乃近注射液 5 ~ 10 毫升，肌内注射，1 ~ 2 次 / 天。

②复方氨基比林注射液 5 ~ 10 毫升，肌内注射，1 ~ 2 次 / 天。

③柴胡注射液 5 ~ 10 毫升，肌内注射，1 ~ 2 次 / 天。

（2）抗菌消炎控制继发感染。

① 10% 磺胺嘧啶钠溶液 10 ~ 20 毫升，加于 5% ~ 10% 葡萄糖液中，静脉注射，1 ~ 2 次 / 天。

②青霉素，每千克体重 2 万 ~ 3 万国际单位，肌内注射，一日 2 ~ 3 次，连用 2 ~ 3 天。

第十一节　支气管炎

一、概述

支气管炎是动物支气管黏膜表层或深层的炎症，临床上以咳嗽、流鼻液和不定热型为特征。各种动物均可发生，但幼龄和老龄动物比较常见。寒冷季节或气候突变时容易发病。

二、发病原因

感染：主要是受寒感冒，导致机体抵抗力降低，一方面病毒、细菌直接感染，另一方面呼吸道寄生菌或外源性非特异性病原菌乘虚而入，呈现致病作用。也可由急性上呼吸道感染的细菌和病毒蔓延而引起。

物理、化学因素：吸入过冷的空气、粉尘、刺激性气体等（如二氧化硫、氨气、氯气、烟雾等）均可直接刺激支气管黏膜而发病。投药或吞咽障碍时由于异物进入气管，可引起吸入性支气管炎。

过敏反应：常见于吸入花粉、有机粉尘、真菌孢子等引起气管—支气管的过敏性炎症。

继发性因素：在流行性感冒、羊痘、肺丝虫等疾病过程中，常表现支气管炎的症状。另外，喉炎、肺炎及胸膜炎等疾病时，由于炎症扩展，也可继发支气管炎。

诱因：畜舍卫生条件差、通风不良、闷热潮湿以及饲料营养不平衡等，导致机体抵抗力降低，均可成为支气管炎发生的诱因。

三、临床症状

急性支气管炎：病的初期有短而痛的干咳，随后变为长而无痛的湿咳。病初流浆液性鼻液，随后变为黏液性或黏液脓性鼻液，咳嗽后流出量增多。胸部听诊肺泡呼吸音增强，可听到各种啰音。支气管黏膜肿胀并分泌黏稠的渗出物时，为干性啰音；支气管内有多量稀薄的渗出物时，可听到湿性啰音。全身症状轻微，体温稍升高0.5～1.5℃，一般持续2～3天后下降。呼吸、脉搏稍增数。

细支气管炎：全身症状较重，患畜精神沉郁，食欲减少或废绝，体温升高1～2℃，脉搏增数，呼吸高度困难，结膜呈蓝紫色，有时咳嗽，胸部听诊，肺泡呼吸音增强，可听到干性啰音及小水泡音。胸部叩诊，音响比正常清朗。继发肺气肿时，呈过清音，肺叩诊界后移。X射线检查，肺纹理增强，无病灶性阴影。

慢性支气管炎：病程长，病情不定，时轻时重，患畜常发干咳，尤其是在运动、采食、夜间或早晨气温较低时，咳嗽较多。气温剧变时，症状加重。胸部听诊可长期听到啰音。无并发症时，一般全身症状不明显。后期，由于支气管黏膜结缔组织增生肥厚，支气管管腔变为狭窄，则长期呼吸困难。

腐败性支气管炎：除具有急性支气管炎症状外，全身症状重剧，呼出气带恶臭，流污秽不洁的并有腐败臭味的鼻液。

四、诊断

急性支气管炎的特点是全身症状轻，频发咳嗽，流鼻液，肺部出现干性或湿性啰音，叩诊一般无变化。

慢性支气管炎的特点是病程长，长期咳嗽，常拖延数月甚至数年。听诊肺部有干性啰音，极易继发肺气肿。

五、防治措施

预防感冒，避免物理性或化学性刺激。治疗原则主要是消除炎症，祛痰止咳，加强护理。

（1）加强护理。畜舍内通风良好且温暖，供给充足的清洁饮水和优质的饲料。

（2）祛痰镇咳。对咳嗽频繁、支气管分泌物黏稠的患畜，可口服溶解性祛痰剂，如氯化铵0.2～2克。口服，每日1～2次。若分泌物不多，但咳嗽频繁且疼痛者，可选用镇咳剂，如复方樟脑酊 5 ~ 10 毫升。口服，每日 1 ~ 2 次。

（3）抗菌消炎。可选用抗生素或磺胺类药物。

①青霉素，每千克体重 1 万 ~ 1.5 万国际单位，肌内注射，每日 2 次，连用 2 ~ 3 天。

② 10% 磺胺嘧啶钠溶液 10 ~ 20 毫升。肌内注射或静脉注射，每日 1 ~ 2 次。

③青霉素 100 万国际单位、链霉素 100 万国际单位、1% 普鲁卡因溶液 15 ~ 20 毫升，将抗生素溶于普鲁卡因内，直接向气管内注射，每日 1 次。

（4）中药疗法。可选用紫苏散或款冬花散。

第十二节　支气管肺炎

一、概述

支气管肺炎又称为小叶性肺炎或卡他性肺炎，是病原微生物感染引起的以细支气管为中心的个别肺小叶或几个肺小叶的炎症。临床上以出现弛张热型、咳嗽、呼吸次数增多、叩诊有散在的局灶性浊音区、听诊有啰音和捻发音等为特征。各种动物均可发生，幼龄和老龄动物尤为多发。

二、发病原因

原发性病因：主要是不良因素的刺激，如受寒感冒，饲养管理不当，某些营养物质缺乏，长途运输，物理化学因素，过度劳役等，使机体抵抗力降低，特别是呼吸道的防御机能降低，导致呼吸道黏膜上的寄生菌或外源侵入病原微生物的大量繁殖，引起炎症过程。能引起支气管肺炎的非特异性病原体，已发现的有肺炎球菌、坏死杆菌、多种化脓菌、沙门氏杆菌、大肠杆菌及流感病毒等。

继发性病因：支气管肺炎大多是由支气管黏膜的炎症蔓延至肺泡而发病。因此，凡是引起支气管炎的原因，都可以引发支气管肺炎。一些化脓性疾病其病原菌可以通过血液循环进入肺脏而致病。此外，支气管肺炎可继发或并发于许多传染病和寄生虫病的过程中，如结核病等。

三、临床症状

病初表现干而短的疼痛性咳嗽，逐渐变为湿而长的咳嗽，疼痛减轻或消失，并有分泌物被咳出。精神沉郁、食欲减退或废绝、结膜潮红或发绀、体温升高 1.5 ～ 2.0℃、多呈弛张热型、脉搏高达 60 ～ 100 次/分、呼吸高达 40 ～ 100 次/分。发炎面积越大，呼吸困难越严重。可以出现呼吸性酸中毒，严重的出现肌肉抽搐、昏迷等症状。尿呈酸性，轻度脱水有时便秘，多站立不动，泌乳量下降。

（1）胸部叩诊。当病灶位于肺的表面时，可发现一个或多个局灶性的小浊音区，融合性肺炎则出现大片浊音区；病灶较深时，则浊音区不明显。胸部听诊，在病灶部位，病初肺泡呼吸音减弱，可听到捻发音，当肺泡和支气管内充满渗出物时，则肺泡呼吸音消失。因炎性渗出物的性状不同，随着气流的通过，还可听到干啰音或湿啰音。病变周围健康的肺组织，肺泡呼吸音增强。

（2）血液检查。白细胞总数增多（1×10^{10} ～ 2×10^{10} 个/升），出现核左移现象。年老体弱、免疫功能低下者，白细胞数可能增加不明显，但嗜中性粒细胞比例仍增加。

（3）X 线检查。可见到散在的炎症病灶部呈现阴影，此种阴影大小不等，似云絮状。当病灶发生融合时，则形成较大片的云絮状阴影，但密度多不均匀。

四、诊断

根据咳嗽、弛张热型，胸部叩诊有岛屿状浊音区，胸部听诊有捻发音、啰音，肺泡呼吸音减弱或消失；血液学检查，白细胞总数增多；X 线检查出现散在的局灶性阴影等，可以诊断。

五、防治措施

治疗原则为加强护理、抗菌消炎、祛痰止咳、制止渗出和促进炎性渗出物吸收，治疗继发性前胃弛缓。

（1）加强护理。将病羊置于通风良好、光线充足、温暖的厩舍中。给予易消化的饲料及清洁的温水。

（2）抗菌消炎。可选用抗生素或磺胺类药物，有条件的可在治疗前取鼻分泌物做细菌的药敏试验，以便对症用药。

（3）解热镇痛。体温过高时，可加用解热药，如复方氨基比林、安痛定及安乃近等注射液。

（4）祛痰止咳。咳嗽频繁，分泌物黏稠时，可选用溶解性祛痰剂。如氯化铵内服；剧烈频繁的咳嗽，无痰干咳时，可选用镇痛止咳剂。复方甘草合剂口服，每日 1 ～ 2 次。

（5）治疗继发性前胃弛缓，增强机体抵抗力，静注新促反刍液。

（6）中药用麻杏石甘汤和黄连解毒汤加味治疗。

第十三节　大叶性肺炎

一、概述

大叶性肺炎是一种呈定型经过的肺部急性炎症，病变始于局部肺泡，并迅速波及整个或多个大叶。又因细支气管和肺泡内充满大量纤维蛋白性渗出物，故又称为纤维素性肺炎或格鲁布性肺炎。临床上以稽留热型、铁锈色鼻液和肺部出现广泛性浊音区为特征。本病常发生于羔羊。

二、发病原因

本病的病因，一般认为主要有传染性和非传染性两种。

（1）传染性因素。某些局限于肺脏的特殊传染病，如羊巴氏杆菌病及由肺炎双球菌引起的肺炎其主要病理过程为大叶性肺炎。

（2）非传染性因素。即由变态反应所致，是一种变态反应性疾病，可因内中毒、自体感染或由于受寒感冒、胸部创伤、有害气体的强烈刺激等因素引起。

三、临床症状

病初，体温迅速升高，呈稽留热型，一般持续 6 ~ 9 天，以后迅速降至常温。脉搏加快，一般初期体温升高 1℃，脉搏增加 10 ~ 15 次 / 分，体温继续升高 2 ~ 3℃时，脉搏则不再增加，后期脉搏逐渐变小而弱。呼吸迫促，呈混合性呼吸困难，黏膜潮红或发绀。初期出现短而干的痛咳，溶解期则变为湿咳。病初，有浆液性、黏液性或黏液脓性鼻液，在肝变期鼻孔中流出铁锈色或黄红色鼻液。病羊精神沉郁，食欲减退或废绝，反刍停止，泌乳降低，冰羊因呼吸困难而采取站立姿势，并发出呻吟声或磨牙。

（1）胸部叩诊。随着病程出现阶段性叩诊音，在充血渗出期，因肺脏毛细血管充血，肺泡壁弛缓，叩诊呈过清音或鼓音；在肝变期，由于细支气管及肺泡内充满炎性渗出物，肺泡内空气逐渐减少，叩诊呈大片性半浊音或浊音，可持续 3 ~ 5 天；在溶解期，因凝固的渗出物逐渐被溶解、吸收和排出，重新呈现清音或鼓音，随着疾病痊愈，叩诊音恢复正常。

（2）肺部听诊。也因疾病发展的时期的不同而有一定差异。充血渗出期，由于支气管黏膜充血肿胀，肺泡呼吸音增强，并出现干啰音。以后随肺泡腔内浆液渗出，听诊有湿啰音或捻发音，肺泡呼吸音减弱。当肺泡内充满渗出液时，肺泡呼吸音消失。肝变期，由于肺组织实变，出现支气管呼吸音。溶解期，渗出物逐渐溶解，液化和排除，支气管呼吸音逐渐消失，出现湿啰音或捻发音，最后随疾病的痊愈，呼吸音恢复正常。

（3）血液学检查。白细胞总数显著增加，可达 2×10^{10}/ 升或更多，中性粒细胞比例增加，呈核左移。严重的病例，白细胞减少。

（4）X 线检查。充血期可见肺纹理增重，肝变期发现肺脏有大片均匀的浓密阴影，溶解期表现散在不均匀的片状阴影。2 ~ 3 周后，阴影完全消散。

四、诊断

主要根据稽留热型，铁锈色鼻液，不同时期肺部叩诊和听诊的变化即可诊断。血液学检查，白细胞总数显著增加，核左移。X 线检查肺部有大片浓密阴影，有助于确诊。

五、防治措施

治疗原则主要是加强护理，促进溶解，消除炎症，控制继发感染，制止渗出和促进炎性产物吸收。治疗继发性前胃弛缓，增强机体抗病力。

（1）加强护理。将病羊置于通风良好，光线充足、温暖的厩舍中。给予易消化的饲料及清洁的饮水。

（2）抗菌消炎。可用抗生素或磺胺类药物，有条件的可在治疗前取鼻分泌物作细菌的药敏试验，以便对症用药。

（3）解热镇痛。体温过高时，可加用解热药，如复方氨基比林、安痛定及安乃近注射液。

（4）祛痰止咳。咳嗽频繁，分泌物黏稠时，可选用溶解性祛痰剂。如氯化铵内服；剧烈频繁的咳嗽，无痰干咳时，可选用镇痛止咳剂。复方甘草合剂口服，每日 1 ~ 2 次。

（5）治疗继发性前胃弛缓，增强机体抵抗力，用促反刍液。

（6）中药治疗选用清瘟败毒散。

>> 第二章
羊主要消化系统疾病

第一节　小反刍兽疫

一、概述

小反刍兽疫（peste des petits ruminants, PPR），又称羊瘟或伪牛瘟。是由小反刍兽疫病毒（peste des petits ruminants virus, PPRV）引起绵羊和山羊的一种急性传染病，临床上以高热、眼鼻有大量分泌物、上消化道溃疡和腹泻为主要特征。世界动物卫生组织（OIE）将本病列入《OIE 疫病、感染及侵染名录》，我国 2008 年修订的《一、二、三类动物疫病病种名录》也将其列为一类动物疫病。

二、流行病学

本病主要流行于非洲西部、中部和亚洲的部分地区。无年龄性，无季节性，多呈流行性或地方流行性。自然宿主为山羊和绵羊，山羊比绵羊更易感，尤其 3 ~ 8 月龄的山羊为易感。绵羊、羚羊、美国白尾鹿次之。牛、猪等可以感染，多为亚临床经过。野生动物偶尔发生。

传染源主要为患病动物和隐性感染动物，处于亚临床型的病羊尤为危险。病羊的分泌物和排泄物均含有病毒，可引起传染。该病主要通过呼吸道飞沫传播，病毒可经精液和胚胎传播，亦可通过哺乳传染给幼羊。

三、临床症状

本病潜伏期为 4 ~ 6 天，最长达 21 天。本病临床上以发热、坏死性口炎、肠炎和肺炎为主要特征，病毒的组织嗜性研究表明以感染淋巴结、淋巴组织和消化道为主。主要表现发病急，体温高热 41℃以上，并持续 3 ~ 5 天。病羊精神沉郁，食欲减退，鼻镜干燥。口鼻腔分泌物逐步变成脓性黏液，若患病动物尚存活，这种症状可持续 14 天。发热开始 4 天内，齿龈充血，进一步发展到口腔黏膜弥漫性溃疡和大量流涎，这种病变可能转变成坏死。在疾病后期，病羊咳嗽、胸部啰音以及腹式呼吸，常排血样粪便。本病在流行地区的发病率可达 100%，严重暴发期死亡率为 100%，中等暴发致死率不超过 50%。

四、病理变化

尸体剖检可见结膜炎、坏死性口炎（图2-1）等肉眼病变，在鼻甲、喉、气管等处有出血斑。严重时病变可蔓延到硬腭及咽喉部。皱胃常出现病变，而瘤胃、网胃、瓣胃较少出现病变，表现为有规则，有轮廓的糜烂，创面红色、出血。肠可见糜烂或出血，在大肠内，盲肠和结肠结合处呈特征性线状出血或斑马样条纹。淋巴结肿

图 2-1　小反刍兽疫口腔黏膜坏死

大，脾有坏死性病变。组织学变化，因本病对淋巴细胞和上皮样细胞有特殊亲和性，一般能在上皮样细胞和形成的多核巨细胞中形成具有特征性的嗜伊红性胞浆包涵体，淋巴细胞和上皮样细胞的坏死，这具有本病诊断意义。

五、诊断

可根据流行病学、临床症状、剖检变化可以作出初步诊断，确诊尚需实验室诊断。具体诊断方法可参见 GB/T 27982—2011《小反刍兽疫诊断技术》、SN/T 3971—2014《小反刍兽疫免疫胶体金试纸卡检测方法》或 SN/T 2733—2010《小反刍兽疫检疫技术规范》等国家或行业标准。

六、防治措施

目前本病尚无有效治疗方法，发病初期使用抗生素和磺胺类药物可对症治疗和预防继发感染。在家畜检出 PPRV 感染后，应严格按照国家相关文件要求，实行扑杀、消毒、无害化处理、移动控制等控制措施，从消灭传染源和切断传播途径两方面入手，切实将病原控制在有限的范围之内，降低病原扩散的风险。本病毒对温度敏感。对酒精、乙醚、甘油及一些去垢剂敏感，乙醚 4℃ 12 小时可将其失活。大多数的化学灭活剂，如酚类、2% 的氢氧化钠溶液等作用 24 小时可以灭活病毒。使用非离子去垢剂可使病毒的纤突脱落，降低其感染力。

对本病的防控主要靠疫苗免疫。目前，小反刍兽疫病毒常见的弱毒疫苗为 Nigeria75/1 弱毒疫苗和 Sungri/96 弱毒疫苗。我国用于防控 PPR 的疫苗为为 Nigeria75/1 毒株弱毒活疫苗。Nigeria75/1 毒株毒株属于 PPRV I 型，可交叉保护其他群毒株的攻击，比较安全、无不良反应，但对热特别敏感，热稳定性差。按照疫苗使用说明书，每只羊注射 1 头

份 PPRV 活疫苗即可产生良好的免疫效果，无需加大或减少免疫剂量，PPR 的免疫持续期可达 3 年。但在兽医实践中通常提倡每年接种一次，经实验室监测免疫抗体合格率保持在较高水平，达到 90% 以上，可对羊群产生较好的免疫保护作用。

第二节　炭疽

一、概述

炭疽（Anthrax）是由炭疽杆菌（Bacillus anthraci）所引起的人和动物共患的一种急性、热性、败血性传染病，常呈散发或地方性流行。其病变特征是脾脏肿大，皮下和浆膜下出血性胶样浸润，血液凝固不良，呈煤焦油样。世界动物卫生组织（WHO）将该列入《OIE 疫病、感染及侵染名录》，我国 2008 年修订的《一、二、三类动物疫病病种名录》也将其列为二类动物疫病。

二、流行病学

绵羊比山羊易感，幼畜更易发病，但北非绵羊的抵抗力却特别强。在一定条件下，本病可以呈流行性出现。炭疽主要由消化道感染，也可以由呼吸道或皮肤伤口感染。病畜的粪便、内脏、皮毛、骨骼污染土壤、河水、池塘等，都是本病散播的重要原因。飞禽走兽和昆虫常为病的传染媒介。

健康羊只进食含有炭疽芽孢的牧草和饲料，或者饮用含有芽孢的水，都能受到感染。本病也可经呼吸道由吸血昆虫叮咬而感染。放牧季节受到传染，是由于土壤内的芽孢被生长的草带上来；尤其是多见于干旱时期，可能是由于牧草生长不好，羊只需要尽量采食，结果不免把草根和土壤同时吃下，以致引起传染。

本菌繁殖体抵抗力不强，但芽孢的生活力极强，在土壤、污水及羊皮上可以多年不死；在干燥状态下能留存 28 ~ 30 年之久。临床上常用 20% 漂白粉、0.5% 过氧乙酸或 10% 氢氧化钠作为消毒剂。炭疽杆菌对青霉素、四环素族以及磺胺类药物敏感。

三、临床症状

根据病程的不同，炭疽可以分为最急性、急性和亚急性 3 种类型。绵羊和山羊患病多为最急性型。最急性型往往忽然发现病羊而不知道死期。如能看到症状，其表现为突然昏迷，行走不稳，磨牙，数分钟即倒毙，很像急性中毒。死前全身打颤，天然孔流血。急性型病羊初呈不安状，呼吸困难，行走摇摆，大叫，发高烧，间或身体各部分发生肿胀。继而鼻孔黏膜发紫，唾液及排泄物呈红色。肛门出血，全身痉挛而死。亚急性型其症状与急性型相同，但表现较为缓和，病程亦较长（2～5天）。

四、病理变化

尸体膨胀，尸僵不完全。天然孔有黑红色液体流出。黏膜呈紫红色，常有出血点。有经验者常凭借外表观察，即可诊断为炭疽病。由外表可以判断时，即不须解剖，因为一滴血中所含细菌的数量，在适宜情况下可使全群受染，而且解剖以后传染机会更多，解剖人员亦有受传染的可能。如果一定要解剖，必须由有经验的兽医在绝对安全的条件下进行。

剖检所见，一般是结缔组织有胶性浸润和出血（图2-2），皮下组织有小而圆或大而扁的出血点，表面淋巴结肿胀，切面发红，兼有小点出血，血液呈红黑色漆状，不易凝固。肺充血而水肿。有时胸腔内有大量血样积水。脾呈急性肿胀，有时很脆弱。肝及肾充血肿胀（图2-3），质软而脆。在肾有时呈出血性肾炎。心肌松弛，呈灰红色。脑及脑膜充血，脑膜间有扁平的凝血块。肠黏膜肿胀、发红及小点出血。

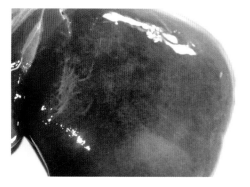

图2-2 患病羊肝充血肿胀

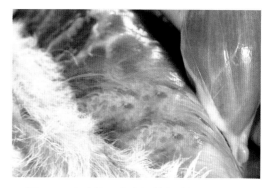

图2-3 患病羊肌肉有红黄色胶样物质浸润

五、诊断

除了根据流行病学、症状和剖检特点外，采用细菌检查和沉淀反应的方法，在确诊上具有重要意义。

（1）细菌检查。采取临死前或刚死后羊的耳血管血液少量，涂片，进行荚膜染色，镜检。可见带有荚膜的革兰氏阳性大杆菌，单个或呈短链存在，两菌连接处如竹节状。

为了避免扩大传染，采血时要特别小心，不要将血撒在地上。

（2）沉淀反应诊断。①取死羊的血液 5 毫升，或脾、肝约 1 克（局部解剖采取一小块，在研钵中磨成糊状），然后，加入 5 ～ 10 倍的生理盐水，煮沸 15 ～ 30 分钟，冷却后用滤纸滤过，取透明滤液供检。若为皮张，可剪取小块（最好在四肢皮肤各剪去一小块混合在一起），剪碎，加入 10 倍的生理盐水在 8 ～ 14℃温度中浸泡 14 ～ 40 小时，经滤纸滤过，取透明滤液供检。②将炭疽沉淀素血清加入细玻璃管中，然后用毛细吸管取上述滤液，沿管壁慢慢加在血清的上层，使两者形成接触面，静置切勿摇动。③ 15 分钟内观察结果，如接触面出现清楚的白色沉淀环（白轮），即可确定为炭疽。

炭疽芽孢杆菌的分离、培养及鉴定方法可参照 NY/T 561－2015《动物炭疽诊断技术》或 SN/T 2701－2010《动物炭疽病检疫规范》进行。羊炭疽和羊快疫、羊肠毒血症、羊猝疽等在临床上症状相似，均为突然发病且很快死亡，应注意鉴别诊断。

六、防治措施

因为患本病的羊死得很快，不易作到及时医治，故应切实执行"预防为主"的方针，认真做到以下几点。

（1）发现病羊立即隔离，可疑羊也要立刻分出，单独喂养。同时要立即报告当地有关领导机关或畜牧兽医单位。

（2）病死的羊千万不可剥皮吃肉，必须把尸体和粘有病羊粪、尿、血液的泥土一起焚烧或深埋，上面盖以石灰。搬运尸体时要特别小心，不要把血和尿洒在地上，以免散布细菌。

（3）病羊住过的地方，要立即用 20% 漂白粉溶液或 2% 热碱水连续消毒 3 次（中间间隔 1 小时），在细菌没有变成芽孢以前就把它杀死。用 20% 的石灰水刷墙壁，用热碱水浸泡各种用具。病羊的粪便、垫草以及吃剩的草料，都应用火烧掉，不能用来作肥料。

（4）病的来源应该及早断定，如由饲料传染，应即设法调换，危险场地应停止放牧。

（5）进行免疫注射。

①被动免疫：羊群中若已发生炭疽，应给全群羊只注射抗炭疽血清，用量多少应按照瓶签说明。此种免疫法的有效期很短，只能保持 1 月左右。

②主动免疫：用无毒炭疽芽孢苗作皮下注射，用量为 0.5 毫升，但山羊不适用。最

好皮下注射炭疽二号苗，可用于山羊和绵羊。用量 1 毫升。不管是哪种疫苗，一岁以内的羊不注射。在发生炭疽的地区，应把主动免疫视作预防工作中的第一道防线，每年必须定期注射。

（6）管理病羊和处理病羊尸体的人，要特别小心，从各方面加强个人防护，以免受到感染。

治疗可应用抗生素，青霉素、土霉素、链霉素和金霉素都有疗效。最常用的是青霉素，第一次用 160 万国际单位，以后每隔 4 ~ 6 小时用 80 万国际单位，肌内注射；也可以用大剂量青霉素作静脉注射，每日 2 次，体温下降再继续注射 2 ~ 3 天。

或内服或注射磺胺类药物，效果与青霉素差不多。每日用量按每千克体重 0.1 ~ 0.2 克计算，分 3 ~ 4 次灌服，或分 2 次肌内注射。

或皮下或静脉注射抗炭疽血清，每次用量为 50 ~ 120 毫升。经 12 小时体温如不下降，可再注射一次。

对皮肤炭疽痈，可在周围皮下注射普鲁卡因青霉素。

第三节　副结核病

一、概述

副结核病（paratuberculosis）又称副结核性肠炎，是由副结核分枝杆菌（Mycobacterium paratuberculosis）引起牛、羊的一种慢性传染病，其特征是顽固性腹泻和进行性消瘦。世界动物卫生组织（OIE）将该病列入《OIE 疫病、感染及侵染名录》，我国 2008 年修订的《一、二、三类动物疫病病种名录》也将其列为二类动物疫病。副结核分枝杆菌对外界环境的抵抗力较强，在污染的牧场、圈舍中可存活数月，对热抵抗力差，75% 乙醇和 10% 漂白粉能很快将其杀死。

二、流行病学

副结核分枝杆菌主要存在于病畜的肠道黏膜和肠系膜淋巴结，通过粪便排出，污染饲料、饮水等，经消化道感染健康家畜。幼龄羊的易感性较大，大多在幼龄时感染，经过很长的潜伏期，到成年时才出现临床症状，特别由于机体的抵抗力减弱，饲料中缺乏无机盐和维生素，容易发病；呈散发或地方性流行。

三、临床症状

病羊腹泻反复发生，稀便呈卵黄色、黑褐色（图2-4），带有腥臭味或恶臭味，并带有气泡。开始为间歇性腹泻，逐渐变为经常性而又顽固的腹泻，后期呈喷射状排出。有的母羊泌乳少，颜面及下颌部水肿，腹泻不止，最后消瘦骨立，衰竭而死。病程长短不一，病程4～5天，长的可达70多天，一般是15～20天。

图 2-4　病羊排出的稀软粪便

四、病理变化

尸体常极度消瘦。病变局限于消化道，回肠、盲肠和结肠的肠黏膜整个增厚或局部增厚，形成皱褶，像大脑皮质的回纹状（图2-5），肠系膜淋巴结坚硬，色苍白，肿大呈索状（图2-6）。

图 2-5　肠道呈皱褶状

图 2-6　肠系膜淋巴结肿大

五、诊断

根据症状和病理变化，一般可初步诊断，但确诊需要实验室检查。可参考 NY/T 539—2017《副结核病诊断技术》和 GB/T 27637—2011《副结核分枝杆菌实时荧光 PCR 检测方法》等行业标准进行诊断。

对于没有临床症状或症状不明显的病羊，可用副结核菌素或禽型结核菌素 0.1 毫升，注射于尾根皱皮内或颈中部皮内，经48～72小时，观察注射部的反应，局部发红肿胀的，可判为阳性。

该病应与胃肠道寄生虫病，营养不良，沙门氏菌病等相鉴别。

与寄生虫病的鉴别：寄生虫病在粪便中常发现大量虫卵，剖检时在胃肠道里有大量的寄生虫，肠黏膜缺乏副结核病的皱褶变化。

与营养不良的鉴别：营养不良多见于冬春枯草季节，病羊消瘦、衰弱；在早春抢青阶段，也会发生腹泻，但肠道缺乏副结核病的病理变化。

与沙门氏菌病的鉴别：该病多呈急性或亚急性经过，粪便中能分离出致病性沙门氏菌。

六、防治措施

对疫场（或疫群）可采用以提纯副结核菌素变态反应为主要检疫手段，每年检疫4次，凡变态反应阳性而无临床症的羊，立即隔离，并定期消毒；无临床症状但粪便检菌阳性或补给阳性者均扑杀。非疫区（场）应加强卫生措施，引进种羊应隔离检疫，无病才能入群。在感染羊群，接种副结核灭活疫苗综合防治措施，可以使本病得到控制和逐步消灭。

第四节 羊沙门氏菌病

一、概述

沙门氏菌病（salmonellosis）是由沙门氏菌属（Salmonella）中少数几个成员引起的人畜共患传染病，在临床上多以表现为败血症和肠炎为特征，也可以引起母畜流产。羊沙门氏菌病主要是由鼠伤寒沙门氏菌（Salmonella typhi murium）、羊流产沙门氏菌（Salmonella abortusovis）、都柏林沙门氏菌（Salmonella Dublin）引起，以羊发生下痢，孕羊流产为特征。世界动物卫生组织（WHO）将由流产沙门氏菌引起的沙门氏菌病列入《OIE疫病、感染及侵染名录》。

二、流行病学

沙门菌属中的许多菌种对各种家畜、家禽、其他动物以及人均有致病性。病畜病禽和带菌动物是本病的传染源。可由粪便、尿、乳汁及流产胎儿、胎衣和羊水排出病菌，污染饲料和水源等，一般经消化道感染健康畜禽。病畜和健康畜交配或用病畜的精液人工授精也可发生感染。此外，在子宫内也可能感染。有人认为鼠类可传播本病。

本病一年四季均可发生。当环境污秽、潮湿、畜禽舍拥挤、粪便堆积；饲料和饮水供应不佳，长途运输，疲劳和饥饿，内寄生虫的侵袭，分娩，手术，仔畜缺维生素 D，新引进畜禽未实行检疫隔离等均易发生。

各种年龄的畜禽均可感染，幼畜禽较成年者易感。对羊以断乳或断乳不久的最易感。感染的孕畜多数发生流产，多见于头胎母马及怀孕后期的母羊。

三、临床症状

下痢型：多见于 15 ~ 30 日龄的羔羊，患病初期精神沉郁，独立一隅，低头、拱背、体温升高 40 ~ 41℃，食欲减退或拒食。之后身体虚弱、憔悴，继而趴地经 1 ~ 2 天死亡。大多数病羔出现腹痛、喜趴、腹泻，排出大量灰黄色糊状粪便，污染后躯，迅速出现脱水状态，眼窝下陷，口渴喜饮水，体力减弱，有的病羔出现呼吸促迫，流出黏液性鼻液，咳嗽等症状。病程 1 ~ 5 天。有的经 2 周后可康复。

流产型：病羊在流产前体温升高到 40 ~ 41℃，厌食，精神沉郁，部分羊有腹泻症状，阴道有分泌物流出。流产多见于妊娠的最后 2 个月。病羊产下的活羔比较衰弱、委顿、卧地，并有腹泻，不吃奶，往往于 1 ~ 7 天内死亡。有的病羊排出分解腐败的胎儿或死产、弱羔。病羊伴发肠炎、胃肠炎和败血症，精神沉郁、口渴、下痢等。

四、病理变化

下痢型：病羊尸体后躯被毛，皮肤被稀粪沾污，多数脱水。真胃和肠道空虚，黏膜充血，肠内有半液状内容物。肠道黏膜上附有黏液，并含有小的血块，肠道和胆囊水肿（图 2-7，图 2-8）。肠系膜淋巴结一般增大充血。心内外膜有小出血点。

流产型：胎儿死产或生后几天内死亡，呈现败血症病变。组织水肿，脾肝肿大，

图 2-7 患病羊肠系膜淋巴结肿大，充血

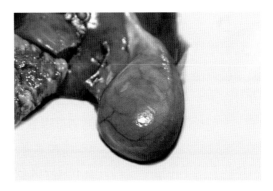
图 2-8 患病羊胆囊肿大，胆汁充盈

有灰色的坏死病灶。胎盘出血、水肿。死的母羊有急性子宫炎、流产或死产的子宫肿胀，并有坏死组织，有渗出物和滞留的胎盘。

五、诊断

把握以下诊断要点，可作出初步诊断。

（1）沙门菌病可发生于不同年龄的羊，无季节性。传染以消化道为主，交配和其他途径也能感染；各种不良因素均可促进该病的发生。

（2）潜伏期长短不一，依动物的年龄、应激因子和侵入途径不同而不同。

羔羊副伤寒（下痢型）：多见于 15 ~ 30 日龄的羔羊，体温升高达 40 ~ 41℃，食欲减退，腹泻，排黏性带血稀粪，有恶臭；精神委顿，虚弱，低头，拱背，继而倒地，经 1 ~ 5 天死亡。发病率约 30%，病死率约 25%。

绵羊流产：流产多见于妊娠的最后 2 个月，病羊体温升至 40 ~ 41℃，厌食，精神抑郁，部分羊有腹泻症状。病羊产下的活羔，表现衰弱，委顿，卧地，并可有腹泻，往往于 1 ~ 7 天死亡。病母羊也可在流产后或无流产的情况下死亡。羊群暴发 1 次，一般持续 10 ~ 15 天。

（3）剖检变化。下痢型病羔尸体消瘦，真胃与小肠黏膜充血，肠道内容物稀薄如水，肠系膜淋巴结水肿，脾脏充血，肾脏皮质部与心外膜有出血点。流产、死产胎儿或生后 1 周内死亡的羔羊，表现败血症病变，组织水肿，充血，肝脾肿胀，有灰色病灶，胎盘水肿、出血。

确诊要进行细菌分离鉴定。从下痢死亡羊的肠系膜淋巴结、脾、心血和粪便或病母羊的粪便、阴道分泌物、血液及胎儿组织中分离培养沙门菌。具体可参照农业行业标准 NY/T 550—2002《动物和动物产品沙门氏菌检测方法》进行检测。

六、防治措施

本类菌对热、各种消毒药和外界环境的抵抗力较强。在水中能存活 2 ~ 3 周，在粪中可存活 1 ~ 2 个月，在冻土可越冬，在潮湿温暖处可生存 4 ~ 5 周，但干燥的地方可存活 8 ~ 20 周。本类菌对抗菌药物的敏感性随耐药菌株日益增多而越来越低。目前，大多数菌株能抵抗青霉素、链霉素、四环素、土霉素、林可霉素类、红霉素和磺胺类药物等，对庆大霉素，多黏菌素 B 等有较高敏感性。病羊可隔离治疗或淘汰处理。对该病有治疗作用的药物很多，但必须配合护理及对症治疗。

预防的主要措施是加强饲养管理。羔羊在出生后应及早吃初乳，注意羔羊的保暖；

发现病羊应及时隔离并立即治疗；被污染的圈栏要彻底消毒；发病羊群要进行药物预防。

第五节 羔羊大肠杆菌病

一、概述

羔羊大肠杆菌病（colibacillosis）是由致病性大肠杆菌（pathogenic Escherichia coli）所引起的一种幼羔急性、致死性传染病。临床上表现为腹泻和败血症。

二、流行病学

多发生于数日至6周龄的羔羊，呈地方性流行，也有散发的。气候不良、营养不足、场地湿污秽等，易造成发病；主要在冬春舍饲期间发生；经消化道感染。

三、临床症状及病理变化

本病潜伏期1～2天，分为败血型和下痢型（肠型）。败血型多发于2～6周龄的羔羊。病羊体温41～42℃，精神沉郁，迅速虚脱，有轻微的腹泻或不腹泻，有的有神经症状，运步失调，磨牙，视力障碍，有的出现关节炎；多于病后4～12小时死亡。胸、腹腔和心包大量积液，内有纤维素；关节肿大，内含混浊液体或脓性絮片；脑膜充血，有很多小出血点。下痢型多发于2～8日龄的新生羔羊。病初体温略高，出现腹泻后体温下降，粪便呈半液体状，带气泡，有时混有血液，羔羊表现腹痛，虚弱，严重脱水，不能起立；如不及时治疗，可于24～36小时死亡。

四、诊断

根据流行病学、临床表现和病理变化可作出初步诊断。确诊须作细菌分离和鉴定。

五、防治措施

大肠杆菌对土霉素、磺胺类和呋喃类药物都具有敏感，但必须配合护理和其他对症疗法。土霉素按每日每千克体重20～50毫克，分2～3次口服；或按每日每千克体重10～20毫克，分2次肌内注射。新生羔再加胃蛋白酶0.2～0.3克；对心脏衰弱的，皮下注射 25% 安钠咖 0.5 ～ 1 毫升；对脱水严重的，静脉注射 5% 葡萄糖盐水 20 ～ 100 毫升；对于有兴奋症状的病羔，用水合氯醛 0.1 ～ 0.2 克，加水灌服。

母羊要加强饲养管理，做好母羊的抓膘、保膘工作，保证新产羔羊健壮、抗病力强。同时应注意羊的保暖。对病羔要立即隔离，及早治疗。对污染的环境、用具要及时消毒。

第六节　羊快疫及羊猝狙

一、概述

羊快疫（braxy）是由腐败梭菌（Clostridium septicum）引起的一种急性传染病，以真胃出血性炎症为特征。羊猝狙（struck）是由 C 型产气荚膜梭菌（Clostridium perfringens type C），也称 C 型魏氏梭菌引起的一种急性传染病，以溃疡性肠炎和腹膜炎为特征。两者可发生混合感染，特征是突然发病，病程极短，死亡迅速；胃肠道呈出血性、溃疡性炎症变化，肠内容物混有气泡；肝肿大、质脆、色多变淡，常伴有腹膜炎。

二、流行病学

（1）羊快疫。绵羊最易感，山羊较少发病。以 6 ～ 18 月龄、营养膘度多在中等以上的绵羊发病较多。病菌随污染的饲料、饮水进入消化道感染。一般呈地方性流行，常发生于低洼草地、熟耕地和沼泽地带。多见于秋、冬和早春，此时气候变化大，当羊只受寒感冒或采食冰冻带霜的草料及体内寄生虫为害时，能促使本病发生。

（2）羊猝狙。本病发生于成年绵羊，以 1 ～ 2 岁绵羊发病较多。病菌随污染的饲料、饮水进入消化道感染。常见于低洼、沼泽地区，呈地方性流行。多发生于冬春、季节。

三、临床症状及病理变化

（1）羊快疫。突然发病，短期死亡。由于病程常取闪电型经过，故称为"快疫"。死亡慢的病例，间有表现衰竭、磨牙、呼吸困难和昏迷；有的出现疝痛、臌气；有的表现食欲废绝，口流带血色的泡沫（图 2-9）。排粪困难，粪团变大，色黑而软，杂有黏液或脱落的黏膜；也有的排黑色稀粪，间或带血丝；或排蛋清样恶臭稀粪。病羊头、喉及舌肿大，体温一般不高，通常数分钟至数小时死亡，延至 1 天以上的很少见。

新鲜尸体的主要损害为真胃出血性炎症变化显著。黏膜，尤其是胃底部及幽门附近的黏膜，常有大小不等的出血斑块，其表面发生坏死，出血坏死区低于周围的正常黏膜；黏膜下组织常水肿。胸腔、腹腔、心包有大量积液（图 2-10），暴露于空气易于凝固。心内膜下（特别是左心室者）和心外膜下有多数点状出血。肠道和肺脏的浆膜下也可见到出血。胆囊多肿胀。如病羊死后未及时剖检，则尸体因迅速腐败而出现其他死后变化。

图 2-9　病羊口角流出血性液体

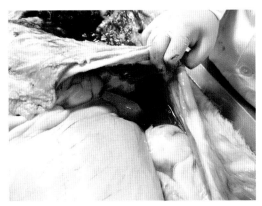

图 2-10　腹腔积液

（2）羊猝狙。病程短促，常未及见到症状即突然死亡。有时发现病羊掉群、卧地，表现不安、衰弱，痉挛，眼球突出，在数小时内死亡。死亡是由于毒素侵害与生命活动有关的神经元发生休克所致。

病变主要见于消化道和循环系统。十二指肠和空肠黏膜严重充血、糜烂，有的区段可见大小不等的溃疡（图 2-11）。胸腔、腹腔和心包大量积液，后者暴露于空气后，可形成纤维素絮块。浆膜上有小点出血。病羊刚死时骨骼肌表现正常，但在死后 8 小时内，细菌在骨骼肌里增殖，使肌间隔积聚血样液体，肌肉出血，有气性裂孔，骨骼肌的这种变化与黑腿病的病变十分相似。

（3）羊快疫及羊猝狙混合感染。根据在我国观察所见，有最急性型和急性型

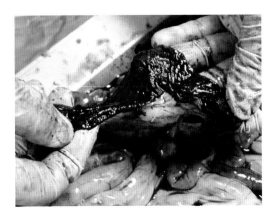

图 2-11　肠道出血性炎

两种临床表现。

最急性型：一般见于流行初期。病羊突然停止采食，精神不振。四肢分开，弓腰，头向上。行走时后躯摇摆。喜伏卧，头颈向后弯曲。磨牙，不安，有腹痛表现。眼羞明流泪，结膜潮红，呼吸促迫。从口鼻流出泡沫，有时带有血色。随后呼吸愈加困难，痉挛倒地，四肢作游泳状，迅速死亡。从出现症状到死亡通常为 2 ~ 6 小时。

急性型：一般见于流行后期。病羊食欲减退，行走不稳，排粪困难，有里急后重表现。喜卧地，牙关紧闭，易惊厥。粪团变大，色黑而软，其中杂有黏稠的炎症产物或脱落的黏膜；或排油黑色或深绿色的稀粪，有时带有血丝；有的排蛋清样稀粪，带有难闻的臭味。心跳加速。一般体温不升高，但临死前呼吸极度困难时，体温可上升至40℃以上，维持时间不久即死亡。从出现症状到死亡通常为1天左右，也有少数病例延长到数天的。发病率6% ~ 25%，个别羊群高达97%。山羊发病率一般比绵羊低。发病羊几乎100%归于死亡。

混合感染死亡的羊，营养多在中等以上。尸体迅速腐败，腹围迅速胀大，可视黏膜充血，血液凝固不良，口鼻等处常见有白色或血色泡沫。

最急性病例，胃黏膜皱襞水肿，增厚数倍，黏膜上有紫红斑，十二指肠充血、出血。急性病例前三胃的黏膜有自溶脱落现象（图 2-12），第四胃黏膜坏死脱落，黏膜水肿，有大小不一的紫红斑，甚至形成溃疡；小肠黏膜水肿、充血，尤以前段黏膜为甚，黏膜面常附有糠皮样坏死物，肠壁增厚，结肠和直肠有条状溃疡，并有条、点状出血斑点，小肠内容物呈糊

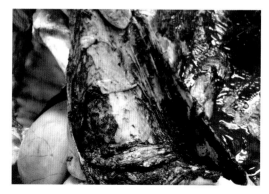

图 2-12　胃黏膜脱落

状，其中混有许多气泡（图 2-13），并常混有血液。肝脏多呈水煮色，混浊，肿大，质脆，被膜下常见有大小不一的出血斑，切开后流出含气泡的血液，肝小叶结构模糊，多呈土黄色，有出血，胆囊胀大，胆汁浓稠呈深绿色，少数病例肝面有绿豆至核桃大的淡黄色坏死灶，在黄色坏死灶之间，有出血斑块，因而呈大理石样外观。肾脏在病程短促或死后不久的病例，多无肉眼可见变化，病程稍长或死后时间较久的，可见有软化现象，肾盂常储积白色尿液。大多数病例出现腹水，带血色。脾多正常，少数瘀血。膀胱积尿，量多少不等，呈乳白色。部分病例胸腔有淡红色混浊液体，心包内充满透明或血染液体，心脏扩大，心外膜有出血斑点；肺呈深红色或紫红色，弹性较差，

气管内常有血色泡沫。全身淋巴结水肿，颌下、肩前淋巴结充血、出血及浆液浸润（图 2-14）。肌肉出血，肌肉结缔组织积聚血样液体和气泡。肩前、股前、尾底部等处皮下有红黄色胶样浸润，在淋巴结及其附近尤其明显。

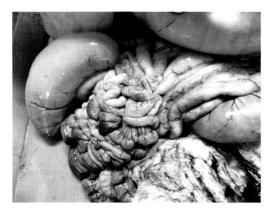
图 2-13　肠道出血、臌气

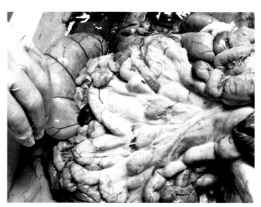
图 2-14　肠系膜淋巴结肿大

四、诊断

羊快疫和羊猝狙病程急速，生前诊断比较困难。

如果羊突然发病死亡，死后又发现第四胃及十二指肠等处有急性炎症，肠内容物中有许多小气泡，肝肿胀而色淡，胸腔、腹腔、心包有积水等变化时，应怀疑可能是这一类疾病。

羊快疫死亡羊只均有菌血症，在心血、肝脏、脾脏等脏器中都可查到病原菌，但以用肝脏浆膜做触片染色镜检，除见有两端钝圆、单在或短链的大杆菌之外，还有无关节的长丝状菌，最具诊断意义。

羊猝狙，从体腔渗出液、脾脏做 C 型产气荚膜梭菌的分离和鉴定，以及用小肠内容物的离心上清液静脉接种小鼠，检查有无 β 毒素。

羊快疫、羊猝狙与羊肠毒血症、黑疫、巴氏杆菌病、炭疽容易混淆，应注意区别。

五、防治措施

本病的病程短促，往往来不及治疗，因此，必须加强平时的防疫措施。在本病常发地区，每年可定期注射 1 ~ 2 次羊快疫、猝狙二联菌苗或快疫、猝狙、肠毒血症三联苗（6 月龄以下的羊一次皮下 5 ~ 8 毫升，6 月龄以上 8 ~ 10 毫升）。厌气菌七联干粉苗（羊快疫、羊猝狙、羔羊痢疾、肠毒血症、黑疫、肉毒中毒、破伤风七联菌苗），

这种菌苗可以随需配合。由于吃奶羔羊产生主动免疫力较差，故在羔羊经常发病的羊场，应对怀孕母羊在产前进行两次免疫，第一次在产前 1 ~ 1.5 个月，第二次在产前 15 ~ 30 天，母羊获得的免疫抗体，可经由初乳授给羔羊。但在发病季节，羔羊也应接种菌苗。

发生本病时，将病羊隔离，对病程较长的病例试行对症治疗。当本病发生严重时，转移牧地，可收到减少和停止发病的效果。因此，应将所有未发病羊只，转移到高燥地区放牧，加强饲养管理，防止受寒感冒，避免羊只采食冰冻饲料，早晨出牧不要太早。同时用菌苗进行紧急接种。

第七节　羊肠毒血症

一、概述

羊肠毒血症（enterotoxemia）又名软肾病或过食症。主要是绵羊的一种急性毒血症，是由 D 型产气荚膜梭菌（Clostridium perfringens type D），也称 D 型魏氏梭菌在羊肠道中大量繁殖产生毒素所引起的。其临床特征为腹泻、惊厥、麻痹和突然死亡。我国 2008 年修订的《一、二、三类动物疫病病种名录》该病列为三类动物疫病。

二、流行病学

绵羊和山羊均可感染，但绵羊更为敏感。以 4 ~ 12 周龄哺乳羔羊多发，2 岁以上的绵羊很少发病。

本病呈地方流行或散发，具有明显的季节性和条件性，多在春末夏初或秋末冬初发生。一般发病与下列因素有关：在牧区由缺草或枯草的草场转至青草丰盛的草场，羊只采食过量；在农区，则常常发生在收菜季节，羊只采食多量的菜根菜叶，或收庄稼后羊群抢茬食入大量谷类时发病；肥育羊和奶羊喂高蛋白精料过多，降低胃的酸度，导致病原体的生长繁殖增快。小肠的渗透性增高及吸收 D 型产气荚膜梭菌的毒素致死剂量等。多雨季节、气候骤变、地势低注等，都易于诱发本病。

三、临床症状

病程急速，发病突然，有时见到病羊向上跳跃，跌倒于地，发生痉挛于数分钟内死亡。

病状分为两种类型：一类以搐搦为特征，表现为倒毙前口吐白沫，磨牙，四肢乱蹬，角弓反张，全身肌肉战栗等，于 2 ~ 4 小时死亡。另一类以昏迷和静静地死去为特征。早期症状是步态不稳，以后倒卧，并有感觉过敏，流涎，上下颌"咯咯"作响，以后昏迷，角膜反射消失。一般体温不高，但常有绿色糊状腹泻，在 3 ~ 4 小时内静静死亡。这种差别是由于吸收的毒素多少不一的结果。

急性病例尿中含糖量增高达 2% ~ 6%，具有一定诊断意义。

四、病理变化

突然倒毙的病羊无可见特征性病变。通常尸体营养良好．死后迅速发生腐败。

最特征性病变为肾表面充血，略肿（图 2-15），质脆软如泥，一般认为这是一种死后变化，不能在死后立即见到。真胃和十二指肠黏膜常呈急性出血性炎（图 2-16），故有"血肠子病"之称。腹膜、膈膜和腹肌有大的点状出血（图 2-17）。心内外膜小点出血（图 2-18）。肝肿大，质脆，胆囊肿大，胆汁黏稠。全身淋巴结

图 2-15　肾脏充血、肿大

肿大充血（图 2-19），胸腹腔有多量渗出液，心包液增加，常凝固。

图 2-16　肠道出血性炎

图 2-17　浆膜出血

图 2-18　心外膜出血　　　　　　　图 2-19　淋巴结出血

五、诊断

根据病史、体况、病程短促和死后剖检的特征性病变（心包积液，肺充血、水肿，胸腺出血），可作出初步诊断。

仅从肠道内发现 D 型产气荚膜梭菌或检出 ε 毒素，尚不足以确定本病，因为 D 型产气荚膜梭菌在自然界广泛存在，且 ε 毒素即可存在于有自然抵抗力的或免疫过的羊肠道内而不被吸收。因此，确诊本病根据以下四点：肠道内发现大量 D 型产气荚膜梭菌；小肠内检出 ε 毒素；肾脏和其他实质脏器内发现 D 型产气荚膜梭菌；尿内发现葡萄糖。确诊有赖于细菌的分离和毒素的鉴定。为了确定菌型可用标准产气荚膜梭菌抗毒素与肠内容物滤液做中和试验。

六、防治措施

针对病因加强饲养管理，防止过食，精、粗、青料搭配，合理运动等。疫区应在每年发病季节前，注射羊肠毒血症菌苗或羊肠毒血症、快疫、猝狙三联菌苗或羊厌氧五联菌苗（羊肠毒血症、快疫、猝狙、羔羊痢疾、黑疫）一律 5 毫升。对疫群中尚未发病的羊只，可用三联菌苗做紧急预防注射。当疫情发生时，羊群立即搬圈。应注意尸体处理，更换污染草场和用 5% 来苏儿消毒。急性病例常无法医治，病程缓慢的（即病程延长到 12 小时以上），可试用免疫血清（D 型产气荚膜梭菌抗毒素）或抗生素、磺胺药等，也能收到一定效果。

第八节　羔羊痢疾

一、概述

羔羊痢疾（lamb dysentery）是由 B 型产气荚膜梭菌（Clostridium perfringens type B）引起的初生羔羊的一种急性传染病。以剧烈腹泻和小肠发生溃疡为特征。常引起羔羊大批死亡，给养羊业带来重大损失。

二、流行病学

该病主要发生于 7 日龄内的羔羊，其中又以 2 ~ 3 日龄的发病最多。呈地方性流行。一般在产羔初期零星散发，产羔盛期发病量多。发病诱因有：孕羊营养不良，羔羊体弱；羊舍潮湿、气候寒冷，特别是大风雪后，羔羊受冻；哺乳不当，羔羊饥饱不均等因素。纯种羊和杂交羊较土种羊易于患病；杂交代数越多，越接近纯种，则发病率与死亡率越高。

病羊及带菌母羊为重要传染来源。病菌随吮乳、饲养员的手和羊粪便进入羔羊经消化道感染，也可能通过脐带或伤口感染，也有子宫内感染的可能。

三、临床症状及病理变化

潜伏期1 ~ 2 天，有的可缩短为几小时。发病初期病羔精神沉郁，头垂背弓，停止吮乳，不久发生腹泻，粪便呈粥状或水样，色黄白、黄绿或灰白，恶臭。体温、心跳、呼吸无显著变化。后期大便带血，肛门失禁，眼窝下陷，卧地不起，最后衰竭而死。

剖检真胃黏膜及黏膜下层出血和水肿（图 2-20），黏膜面有小的坏死灶。小肠出血性炎症比大肠严重（图 2-21），黏膜发红，集合淋巴滤泡肿胀或坏死及出血，病久可形成溃疡，突出于黏膜表面，豆大，形不规则，周围有出血炎性带。大肠病变与小肠相同，但轻微。结肠、直肠充血或出血，常沿皱襞排列成条状。肠系膜淋巴结充血肿胀或出血。实质脏器肿大变性，有一般败血症病变。

四、诊断

在本病常发地区，根据流行病学、症状及病理剖检，可作出初步诊断。必要时为确定病原，在病羔刚死后，即采取回肠内容物、肠系膜淋巴结、心血等，作病原体和

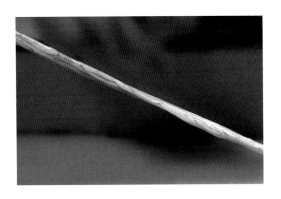

图 2-20　患病羊小肠（特别是回肠）黏膜充血、
　　　　　发红

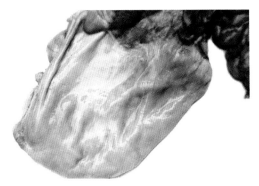

图 2-21　患病羊胃黏膜和黏膜下层出血、水肿

毒素检验。

应注意沙门氏菌、大肠杆菌和肠球菌引起的羔羊下痢相区别。

五、防治措施

对母羊（特别是孕羊）加强饲养管理，做好夏秋抓膘和冬春保膘工作，保证所产羔羊健壮，乳充足，增强羔羊抗病力。为避免产羔时过于寒冷，可将产羔季节提前或推迟，避开最寒冷的时间产羔。产羔前后和接产过程中，应做好一切消毒和防护工作，保证母羊体躯、乳房、产地及用具的清洁卫生。对羔羊脐带严格消毒，保证羔羊吃足初乳。

预防接种。每年秋季可给母羊单一或羊厌氧菌病五联菌苗（羊快疫、猝狙、肠毒血症、羔羊痢疾、黑疫），产前 2 ～ 3 周再接种一次。羊六联菌苗（羊快疫、猝狙、肠毒血症、羔羊痢疾、黑疫和大肠杆菌病），对由大肠杆菌引起的羔羊痢疾也有预防作用。

药物预防。常发本病地区，在羔羊出生后 12 小时内，可口服土霉素 0.15 ～ 0.2 克，每天 1 次，连续灌服 3 天，或用其他抗菌药物等有一定的预防效果。

病羔隔离治疗。药物治疗应与护理相结合。治疗时需按年龄、体质和临床症状进行。一般发病较慢，排稀粪的病羔，可采取以下措施。

（1）灌服 6% 硫酸镁（内含 0.5% 福尔马林液）30 ～ 60 毫升，6 ～ 8 小时后再灌服 1% 高锰酸钾 10 ～ 20 毫升，必要时可再服高锰酸钾 2 ～ 3 次。

（2）磺胺脒 0.5 克、鞣酸蛋白 0.2 克、次硝酸铋 0.2 克，水调灌服，每日 3 次。

（3）土霉素 0.2 ～ 0.3 克，或再加等量胃蛋白酶，水调灌服，每日 2 次。

（4）病初可用青、链霉素各 20 万国际单位注射及其他对症治疗。有条件时，可用抗羔羊痢疾高免血清 0.5 ~ 1毫升肌内注射，使羔羊对产气荚膜梭菌引起的羔痢疾获得保护；以 3 ~ 10毫升血清治疗已表现明显症状的病羊，除呈现神经中毒症状的垂危病羔难以挽救外，治愈率可达 90% 以上。环境无害化处理。粪便、垫草应焚烧，污染的环境、土壤、用具等用 3% ~ 5% 来苏儿喷雾消毒。

第九节　片形吸虫病

一、概述

片形吸虫病（fascioliasis）是由片形科片形属的肝片吸虫（Fascioliasis hepatica）和大片吸虫（Fasciola gigantica）寄生于羊的肝脏胆管引起的疾病。本病还可感染牛、骆驼、鹿、猪、马、驴、骡、兔等家畜及野生动物。人也可感染。

二、病原及发育史

肝片吸虫：呈扁平叶状。新鲜虫体为棕灰色，固定后为灰白色。（20 ~ 30）毫米 ×（8 ~ 10）毫米、虫体前端有一个锥状突起，头锥的基部突然增宽，称为"阔肩"，以后逐渐变窄。口吸盘位于虫体的前端。腹吸盘稍大，位于阔肩水平线稍后方。虫卵呈椭圆形，黄色或黄褐色，大小为（133 ~ 157）微米 ×（63 ~ 91）微米（图 2-22）。

大片吸虫：在形态上与肝片形吸虫相似，"阔肩"不明显，两侧缘较平行，后端钝圆。大小为（25 ~ 75）毫米 ×（5 ~ 12）

图 2-22　肝片吸虫

毫米。虫卵为黄褐色，长卵圆形，大小为（150 ~ 190）微米 ×（75 ~ 90）微米。

中间宿主为椎实螺，在我国主要是小土蜗螺。

成虫寄生于终末宿主肝脏胆管内，产生虫卵，虫卵随胆汁入肠腔，再随粪便排出体外。虫卵在适宜的条件下发育成毛蚴。毛蚴在水中游动，遇到中间宿主椎实螺（或

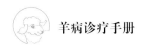

小土蜗螺）即钻入体内，经胞蚴、雷蚴或子雷蚴等阶段发育成尾蚴。尾蚴离开螺体，在水面或植物叶上形成囊蚴，终末宿主吞食囊蚴而感染。

囊蚴进入终末宿主肠道，经 3 种途径进入肝脏：从胆管开口钻入肝脏；或进入肠壁血管，随血流入肝；或穿过肠壁进入腹腔，然后从肝脏表面钻入肝脏。到达肝脏后，穿破肝实质，进入肝脏胆管发育为成虫。从感染到发育为成虫需 2 ~ 4 个月，成虫可在终末宿主体内存活 3 ~ 5 年。

三、流行特点

肝片吸虫病在我国普遍存在。多发生于地势低洼的牧场、稻田地区和江河流域等。具有明显的季节动态。终末宿主感染多在夏秋季节，多雨或久旱逢雨的温暖季节可促使本病流行。感染季节决定了发病季节，幼虫引起的疾病多在秋末冬初；成虫引起的疾病多见于冬末和春季。

四、临床症状

根据病程的长短一般可分为急性型和慢性型两种类型。

急性型：是由幼虫引起，吞食囊蚴后 2 ~ 6 周发病，多见于绵羊，病初表现体温升高，精神沉郁，食欲减退，衰弱，迅速发生贫血。肝区扩大，触压和叩打有痛感。结膜由潮红黄染转为苍白黄染。消瘦，腹水。重者在几天内死亡，不死者转为慢性型。

慢性型：是由成虫引起的，病羊明显消瘦、贫血和低蛋白血症，黏膜苍白、被毛粗乱易脱落。眼睑、下颌及胸下水肿，早晨明显，运动后可减轻或消失。间歇性瘤胃臌气和前胃弛缓，腹泻，或腹泻与便秘交替发生。妊娠羊易流产。重者终因恶病质而死亡。

五、诊断

根据发病规律、临床症状、粪便检查和剖检等综合判定。粪便检查用沉淀法或尼龙筛淘洗法。只见少数虫卵而无临床症状时，只能视为带虫现象。急性病例检不出虫卵时，可用皮内变态反应、间接血凝试验或酶联免疫吸附试验等方法进行诊断。

六、防治措施

1. 预防可采取综合性防制措施

（1）定期驱虫。驱虫的时间和次数视流行区的具体情况而定。南方每年可进行 3 次。北方每年可进行 2 次驱虫。流行严重地区，要注意对带虫动物的驱虫。对驱虫后的粪便进行生物热发酵处理。

（2）放牧。尽量选择高燥地方放牧或兴建牧场。在感染季节放牧时，应每经 1.5~2 个月轮换一块草地。

（3）饲养卫生。避免饮用地表非流动水、在湿洼地收割的牧草，晒干后存放 2~3 个月后再利用。

（4）消灭中间宿主，搞好灭螺工作。灭螺可用烧荒、洒药、疏通放牧地上的小水沟以及饲养水禽等措施灭螺。

（5）根据患病肝脏的感染程度，全部或部分废弃。废弃的动物肝脏须经高温处理后再作动物饲料。

2. 治疗可选用以下药物

（1）三氯苯唑（肝蛭净）。10 毫克 / 千克体重，一次口服，对成虫和幼虫均有效。

（2）丙硫苯咪唑（阿苯哒唑）。10 ~ 15 毫克 / 千克体重，一次口服，对成虫有效，对童虫有一定的疗效。

（3）硝氯酚。4 ~ 5 毫克 / 千克体重，一次口服；针剂可按 0.75 ~ 1 毫克 / 千克体重，深部肌内注射。适用于慢性病例，对幼虫无效。

（4）硫双二氯酚（别丁）。100 毫克 / 千克体重，配成悬液灌服。

第十节　羊绦虫病

一、概述

羊绦虫病（taeniasis）是由裸头科裸头属、副裸头属、莫尼茨属、曲子宫属、无卵黄腺属的多种绦虫寄生于羊小肠内引起疾病的总称。常见虫体有扩展莫尼茨绦虫（Moniezia expansa）、贝氏莫尼茨绦虫（Moniezia benedeni），均为大型绦虫（图 2-23），共同特征为虫体呈乳白色背腹扁平长带状。本病主要特征为消瘦、贫血、腹泻，尤其对羔羊危害严重。

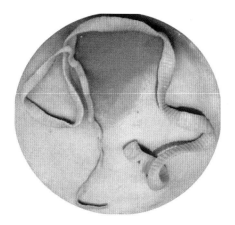

图 2-23　绦虫

二、流行特点

莫尼茨绦虫成虫可寄生于牛、羊小肠，孕卵节片或虫卵随粪便排出体外，被中间宿主地螨吞食，虫卵内六钩蚴逸出发育为似囊尾蚴，牛、羊吃草时吞食含有似囊尾蚴的地螨而感染，经45～60天发育为成虫。

由于地螨主要分布在潮湿、肥沃的土地里，在早晨、黄昏及阴天较活跃。在雨后的牧场上，地螨数量显著增加。所以，此时此地放牧最易感染。北方地区5—8月为感染高峰期，南方4—6月为感染高峰期。

三、临床症状

轻度感染或成年动物感染时一般症状不明显。羔羊感染后症状明显，主要表现为消化紊乱，经常腹泻、肠臌气、下痢，粪便中常混有孕卵节片。病畜逐渐消瘦、贫血。寄生数量多时可造成肠阻塞，甚至破裂。虫体的毒素作用，可引起幼畜出现回旋运动、痉挛、抽搐、空口咀嚼等神经症状。严重者死亡。

四、病理变化

尸体消瘦，肠黏膜有出血。有时可见肠阻塞或扭转。

五、诊断

根据流行病学、临诊症状、粪便检查、剖检发现虫体进行综合诊断。流行病学因素主要注意是否为放牧羊，尤以幼龄多发，是否为地螨活跃时期，并检查地螨的阳性率。患病羊粪便中有孕卵节片，不见节片时用漂浮法检查虫卵。未发现节片或虫卵时，可能为绦虫未发育成熟，因此可考虑应用药物进行诊断性驱虫。剖检发现虫体即可确诊。

六、防治措施

对羔羊在春季放牧后4～5周进行成虫期前驱虫，间隔2～3周后再驱虫1次。成年羊每年可进行2～3次驱虫。注意驱虫后粪便的处理。感染季节避免在低湿地放牧，并尽量不在清晨、黄昏和阴雨天放牧，以减少感染。有条件的地方可进行轮牧。对地螨滋生场所，采取深耕土地、种植牧草、开垦荒地等措施，以减少地螨的数量。

治疗可选用下列药物：

硫双二氯酚，每千克体重 75 ~ 100 毫克，1 次口服。用药后可能会出现短暂性腹泻，但可在 2 天内自愈。

氯硝柳胺（灭绦灵），每千克体重 60 ~ 75 毫克，1 次口服。

丙硫咪唑，每千克体重 15 毫克，1 次口服。

吡喹酮，每千克体重 10 ~ 15 毫克，1 次口服。

第十一节　羊消化道线虫病

一、概述

羊消化道线虫病是由多种线虫寄生于羊等反刍动物消化道内引起各种线虫病的总称。常见虫体有：捻转血矛线虫（Haemonchus contortus）、食道口线虫（Oesophagostomum）、羊仰口线虫（Bunostomum trigonocephalum）和毛首线虫（Trichuriasis），这些线虫分布广泛，且多为混合感染。本病特征为贫血、消瘦，可造成羊大批死亡。

二、流行特点

患病或带虫羊等反刍动物的粪便中会有大量虫卵存在。

虫卵随粪便排出体外，在适宜的条件下，约需 1 周，逸出的幼虫经 2 次蜕皮发育为第 3 期幼虫，至此即为其感染性幼虫。该幼虫移动到牧草的茎叶上，羊吃草或饮水时吞食而感染。

第 3 期幼虫抵抗力强，多数可抵抗干燥、低温和高温等不利因素的影响，许多种类线虫的幼虫可在牧场上越冬。此期幼虫具有背地性和向光性的特点，在温度、湿度和光照适宜时，幼虫从土壤中爬到牧草上，而当环境条件不利时又返回土壤中隐蔽。故牧草受到幼虫污染，土壤为其来源。在阴暗潮湿腐殖质多的放牧易于感染。

本病分布广泛，多数地区性不明显。春、夏、秋是本病感染和发病的季节。

三、临床症状

羊经常混合感染多种消化道线虫，而多数线虫以吸食血液为生，因此，引起宿主贫血，虫体的毒素作用干扰宿主的造血功能或抑制红细胞的生成，使贫血加重。虫体的机械性刺激，使胃、肠组织损伤，消化、吸收功能降低。表现高度营养不良，渐进性消瘦、贫血，可视黏膜苍白，下颌及腹下水肿，腹泻或顽固性下痢，有时便中带血，有时便秘与腹泻交替，精神沉郁，食欲不振，可因衰竭而死亡。尤其羔羊发育受阻，死亡率高。死亡多发生在"春季高潮"时期。

四、病理变化

尸体消瘦、贫血、水肿。幼虫移行经过的器官出现淤血性出血和小出血点。胃、肠黏膜发炎有出血点，肠内容物呈褐色或血红色。食道口线虫可引起肠壁结节，新结节中常有幼虫。在胃、肠道内发现大量虫体（图 2-24）。

图 2-24　病羊胃内发现大量虫体

五、诊断

应根据流行病学、临诊症状、粪便检查和剖检发现虫体进行综合诊断。粪便检查用漂浮法。因牛羊带虫现象极为普遍，故发现大量虫卵时才能确诊。

六、防治措施

（1）应根据流行病学特点制定综合性防制措施。

①定期驱虫。一般应在春、秋两季各进行 1 次驱虫。北方地区可在冬末、春初进行驱虫，可有效防止"春季高潮"。

②粪便处理。对计划性驱虫和治疗性驱虫后排出的粪便应及时清理，进行发酵，以杀死其中的病原体，消除感染源。

③提高机体抵抗力。注意饲料、饮水清洁卫生，尤其在冬、春季，羊要合理地补充精料、矿物质、多种维生素，以增强抗病力。

④科学放牧。放牧羊尽量避开潮湿地及幼虫活跃时间，以减少感染机会。有条件的地方实行划地轮牧或畜种间轮牧。

（2）对重症病例，应配合对症、支持疗法。

①左咪唑，每千克体重 6 ~ 10 毫克，1 次口服，奶牛、奶羊休药期不得少于 3 天。

②丙硫咪唑，每千克体重 10 ~ 15 毫克，1 次口服。

③甲苯咪唑，每千克体重 10 ~ 15 毫克，1 次口服。

④伊维菌素或阿维菌素，每千克体重 0.2 毫克，1 次口服或皮下注射。

第十二节　捻转血矛线虫

一、概述

羊的捻转血矛线虫（Hemonchus contortus）在我国草地牧区普遍流行，可引起羊贫血、消瘦、慢性消耗性症状，并可引起死亡，给养羊业带来严重损失。

二、流行病学

本病以丘陵山地牧场的羊易感，特别在曾被该病原污染过的草场放牧。本病流行季节性强，高发季节开始于4月青草萌发时，5—6月达高峰，随后呈下降趋势，但在多雨、气温闷热的8—10月也易暴发。

三、临床症状

急性型以肥壮羔羊突然死亡为特征，死亡羊眼结膜苍白，高度贫血。

亚急性羊的特征是显著贫血，结膜苍白，下颌间和前胸腹下

水肿，身体逐渐衰弱，被毛粗乱无光，放牧时落群，甚至卧地不起，下痢与便秘交替发生。若治疗不及时，多转为慢性。

慢性型病羊症状不明显，主要表现消瘦，被毛粗乱，体温一般正常，在放牧时发病羊中，发现早期大都是以肥壮羔羊突然死亡为特征，以后病羊便出现亚急性症状。

四、病理变化

急性死亡的羊真胃内有大量红白相间的毛发状线虫（图2-25），长度为15～30毫米，外观着色很特别，真胃黏膜有严重的大面积出血症状，其他脏器没有明显的病理变化。

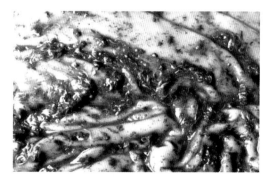

图 2-25　真胃内的捻转血矛线虫

五、诊断

根据本病的流行情况和临床症状，特别是死羊剖检后，可见真胃内有大量红白相间的捻转血矛线虫，便可确诊。

六、防治措施

（1）计划性驱虫。根据流行特点，一般春秋两季各进行一次驱虫。牧地和饮水注意卫生。不在低温、潮湿的地方放牧，不在清晨、傍晚或雨后放牧，不让羊饮死水、积水，而饮干净的井水或泉水。有条件的地方，实行有计划的轮放。

（2）加强饲养管理，淘汰病弱羊只，合理补饲精料，增强羊的抗病能力。

（3）加强粪便管理，每天两次清理羊圈舍，将粪便在适当地点堆积发酵处理，消灭虫卵和幼虫，特别注意不要让冲洗圈舍后的污水混入饮水，圈舍适时药物消毒。

发病后用盐酸左旋咪唑，按每千克体重 2.5 毫克的剂量，对整群羊普遍肌内注射驱虫。用敌百虫片压碎按每千克体重 70 毫克拌入精料饲喂。并用阿丙二合一乳悬剂每只大羊 3 毫升口服。

第十三节　泰勒虫病

一、概述

羊泰勒虫病（Theileriasis）是由泰勒科泰勒属的原虫寄生于羊的巨噬细胞、淋巴细胞和红细胞内引起的疾病。临诊特征为高热稽留、贫血、出血、消瘦和体表淋巴结肿大。

春夏之交常因此病引起大量死亡。茨盖羊、高加索羊、新疆细毛羊等均可患病，以羔羊发病较多，死亡率很高。

二、生活史

绵羊泰勒虫病的主要传播者为血蜱属的蜱。病原在蜱体内经过有性的配子生殖，并产生子孢子，当蜱吸血时，即将病原注入羊体内。绵羊泰勒虫在羊体内首先侵入网内皮系统细胞、在肝、脾、淋巴结和肾脏内进行裂体繁殖（石榴体），继而进入红细胞内寄生。当蜱吸食羊的血液时，泰勒虫又进入蜱体内发育。如此周而复始，继续引起发病，扩大流行。

三、临床症状

本病的流行季节为春末和夏初（3—5月），以 4 月和 5 月上旬为高潮时期。新引进羊及羔羊发病最多。病愈羊只似有长期免疫现象。硬蜱科盲蜱属之蜱为其传染媒介。

还有一种软蜱，即拉哈尔钝缘蜱的稚体，也可传播本病。

病羊最初食欲减少，精神沉郁，结膜充血。体温升高到 40 ～ 42℃，最高可达 42℃以上。呈稽留热型，体温升高后至少保持 4 天才开始下降，部分可持续到一周以上。呼吸及心跳增快。呼吸迫促，发鼻鼾声，呼吸次数可达 100 次 / 分以上。听诊时肺泡音粗厉，有时支气管呼吸音明显。心跳可达 150 ～ 200 次 / 分，节律不齐。

羔羊普遍表现肢体僵硬；有时前肢提举困难，有时后肢举步不易；有时四肢发软，卧下不起，如勉强扶之起立，亦站立不稳。

当病羊表现前肢（左或右）似感僵硬时，其同侧肩前淋巴结多有肿大。一般大如胡桃，最大者如鸭蛋，触诊时有痛感。

发病数日后，饮食废绝，反刍停止，肠胃蠕动微弱或完全停止。粪便稀而恶臭，杂有黏液及血液。尿色一般清亮，呈淡黄色，少数病羊尿液混浊，个别出现血尿。结膜苍白，磨牙，身体逐渐消瘦。

四、病理变化

尸体显著瘦削，可见黏膜呈灰白色。肛门松弛，有的肛门四周染有绿色稀粪。皮下脂肪少，呈黄色胶样。背部或臀部有粟粒大小的出血点。个别病例可见第四胃有溃疡。十二指肠内含淡黄色乳糜状内容物，肠壁有轻度充血；空肠、回肠中部分内容物呈乳白色或灰绿色水样或糊状，除少数有粟粒大小的出血点外，多有轻重不同的充血。肠壁淋巴滤泡有不同程度的肿胀。大肠有不同程度的充血。肝脏边缘稍钝圆，色苍白而混浊，似沸水煮过，质较脆弱。表面包膜下有灰白色或淡黄白色小点或颗粒，呈圆形或近乎圆形，大小如粟粒或高粱籽，尤以膈面为多，切面上亦有散在颗粒。胆囊肿大 1 ～ 4 倍，充满深绿色、草黄色的糊状或菜油状的胆汁。脾脏增大 1 ～ 4 倍，边缘钝圆，切面隆起，白髓呈灰白色高粱籽大之颗粒状凸出，红髓暗红褐色，呈浓稠糊状（图 2-26）。肾脏呈红棕色或黄褐色，质柔软而易脆烂（图 2-27），表面亦有淡黄色或灰白色小颗粒，切面上仅见皮质部，有颗粒。肺脏淤血和水肿、出血（图 2-28），肺门淋巴结及纵膈淋巴结显著肿大。心外膜有大小不同的出血点（图 2-29），心包液增多，心内膜乳头肌有出血点和淤斑。全身淋巴结有不同程度的肿大，尤以肩前、肺、肝及肠系膜淋巴结更为显著。

五、诊断

首先要考虑地区流行病学特点及临床症状中的稽留高热、贫血、黄疸及体表淋巴

图 2-26　脾脏呈浓稠糊状

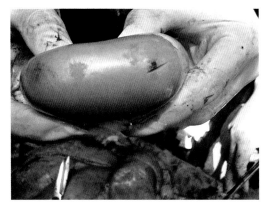

图 2-27　肾脏肿大

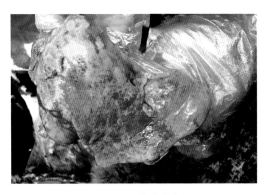

图 2-28　肺脏出血

图 2-29　心外膜出血

结肿大等特征。从血液涂片检查虫体，或从淋巴结、肝脾穿刺物涂片中检查石榴体，进行确诊。

六、防治措施

1. 主要是预防蜱的侵袭和进行灭蜱工作

（1）防止将蜱带进安全区域。由不安全地区引进的羊，必须进行检疫隔离和抗蜱处理。

（2）消灭蜱类。在发病季节，经常进行药浴，定期修补羊舍墙洞及裂缝。

（3）牧场转移。在蜱出现之前，将羊由不安全地区转移到安全地区放牧。

2. 治疗可用下列药物

（1）肌内注射 7% 贝尼尔。剂量为 0.005 ~ 0.007 克 / 千克体重，也可以用输血疗法。

（2）内服青蒿琥脂。剂量为5毫克/千克体重，首次量加倍，每日2次，连用3～4天。

（3）静脉注射黄色素。剂量为0.003～0.004克/千克体重，用生理盐水配成1%的溶液。

（4）皮下注射阿卡普林。剂量为0.002克/千克体重，用生理盐水配成1%的溶液。

（5）加强护理，采用对症治疗。隔离病羊，放于凉爽圈舍或凉棚内，铺以大量柔软垫草；供给富含维生素的多汁青草或鲜奶。在心脏衰弱、发高热、呼吸困难时，应注射樟脑制剂。为了增强营养，可静脉注射葡萄糖溶液。为了恢复胃肠功能，可以注射10%浓盐水，同时进行灌肠。

第十四节　球虫病

一、概述

羊球虫病（coccidiosis）是由艾美科艾美耳属的球虫寄生于羊肠道所引起的一种原虫病，发病羊只呈现下痢、消瘦、贫血、发育不良等症状，严重者导致死亡，主要危害羔羊。本病呈世界性分布。

二、流行病学

各种品种的绵羊、山羊对球虫均有易感性，但山羊感染率高于绵羊；1岁以下的感染率高于1岁以上的，成年羊一般都是带虫者。据调查，1～2月龄春羔的粪便中，常发现大量的球虫卵囊。流行季节多为春、夏、秋三季；感染率和强度依不同球虫种类及各地的气候条件而异。冬季气温低，不利于卵囊发育，很少发生感染。

本病的传染源是病羊和带虫山羊，卵囊随山羊粪便排至外界，污染牧草、饲料、饮水、用具和环境，经消化道使健康山羊获得感染。所有品种的各种年龄的山羊对球虫均有易感性，但1～3月龄的羔羊发病率和死亡率较高，发病率几乎为100%，死亡率可高达60%以上。成年山羊感染率也相当高，但不发病或很少发病，这可能是一种年龄免疫现象，仅为带虫者，成为病原的主要传染来源。饲料和环境的突然改变，长途运输，断乳和恶劣的天气和饲养条件差都可引起山羊的抵抗力下降，导致球虫病的突然发生。

三、临床症状

潜伏期为 11 ～ 17 天。本病可能依感染的种类、感染强度、羊只的年龄、抵抗力及饲养管理条件等不同而发生急性或慢性过程。急性经过的病程为 2 ～ 7 天，慢性经过的病程可长达数周。病羊精神不振，食欲减退或消失，体重下降，可视黏膜苍白，腹泻，粪便中常含有大量卵囊。体温上升到 40 ～ 41℃，严重者可导致死亡，死亡率常达 10% ～ 25%，有时可达 80% 以上。

病初山羊出现软便，粪不成形，但精神、食欲正常。3 ～ 5 天后开始下痢，粪便由粥样到水样，黄褐色或黑色，混有坏死黏液、血液及大量的球虫卵囊，食欲减退或废绝，渴欲增加。随之精神委顿，被毛粗乱，迅速消瘦，可视黏膜苍白，体温正常或稍高，急性经过 1 周左右，慢性病程长达数周，严重感染的最后衰竭而死，耐过的则长期生长发育不良。成年山羊多为隐性感染，临床上无异常表现。

四、病理变化

呈混合感染的病羊的内脏病变主要发生在肠道、肠系膜淋巴结、肝脏和胆囊等组织器官。小肠壁可见白色小点、平斑、突起斑和息肉，以及小肠壁增厚、充血、出血，局部有炎症。肠系膜淋巴结水肿。肝脏可见轻度肿大、淤血，肝表面和实质有针尖大或粟粒大的黄白色斑点，胆管扩张，胆汁浓厚呈红褐色，内有大量块状物。胆囊壁水肿、增厚。值得注意的是，胆汁中有球虫卵囊的病羊，多数的肝脏和胆囊无明显的病变。

五、诊断

根据临床症状和常规粪便检查可对本病作出初步诊断。确诊必须通过剖检，观察到球虫性的病理变化，在病变组织中检查到各发育阶段的虫体。另外，在粪便中只有少量卵囊，羊无任何症状，可能是隐性感染。生前诊断必须查到大量球虫卵囊，并伴有相应的临床症状，才能诊断为球虫病。

六、防治措施

较好的饲养管理条件可大大降低球虫病的发病率，圈舍应保持清洁和干燥，饮水和饲料要卫生，注意尽量减少各种应激因素。放牧的羊群应定期更换草场，由于成年羊常常是球虫病的病源，因此最好能将羔羊和成年羊分开饲养。

据报道，氨丙啉和磺胺对本病有一定的治疗效果。用药后，可迅速降低卵囊排出量，减轻症状。

（1）氨丙啉。每千克体重 50 毫克，每日 1 次，连服 4 天。

（2）氯苯胍。每千克体重 20 毫克，每日 1 次，连服 7 天。

（3）磺胺二甲基嘧啶或磺胺六甲氧嘧啶。每千克体重每日 100 毫克，连用 3 ~ 4 天，效果好。

第十五节　前胃弛缓

一、概述

羊前胃弛缓是前胃兴奋和收缩力降低到疾病。临床特征是正常的食欲、反刍、嗳气被扰乱，胃蠕动减弱或停止，可继发酸中毒。

二、发病原因

主要是羊体质衰弱，再加上长期饲喂粗硬难以消化的饲草，如玉米秸秆、豆秸、麦皮等；突然更换饲养方法，供给精料过多，运动不足等；饲料品质不良、霉败、冰冻、虫蛀、染毒；长期饲喂单调、缺乏刺激性的饲料，如麦麸、豆面、酒糟等。此外，瘤胃臌胀、瘤胃积食、肠炎以及其他内、外产科疾病等，也可继发该病。

三、诊断

该病常见有急性和慢性两种。

急性：病羊食欲废绝反刍停止，瘤胃蠕动力量减弱或停止；瘤胃内容物腐败发酵，产生多量气体，左腹增大，诊断不坚实。

慢性：病羊精神沉郁、倦怠无力（图2-30），喜欢卧地，被毛粗乱，体温、呼吸、脉搏无变化，食欲减退，反刍缓慢，瘤胃蠕动力量减弱，次数减少。若因采食有毒植物或刺激性饲料而引起发病的，则瘤胃和皱胃敏感性增高，触诊有疼痛反应，有

图 2-30　病羊精神沉郁

的羊体温升高。如伴有瘤胃炎时，肠蠕动显著增加，腹泻，或便秘与腹泻交替产生。

若为继发性前胃弛缓，常伴有原发性疾病的特征症状。因此，诊疗中要加以鉴别。

四、防治措施

首先应消除病因，加强饲养管理，因过食而引起者，可采用饥饿疗法，禁食 2 ~ 3 次，然后供给易消化的饲料，使之恢复正常。

药物疗法应先投给泻剂，清理胃肠再投给兴奋瘤胃蠕动和防腐止酵剂。成年羊可用硫酸镁或人工盐 20 ~ 30 克，石蜡油 100 ~ 200 毫升，番木鱼酊 2 毫升，大黄酊 10 毫升，姜酊 5 毫升，龙胆酊 10 毫升，加水适量，一次口服。或使用 10% 氯化钠溶液 20 毫升，10% 氯化钠溶液 10 毫升，10% 安钠咖注射液 2 毫升，混合后，1 次静脉注射。

当瘤胃内容物酸碱度降低时（pH 值在 6 以下）可用碳酸钠 5 克，碳酸氢钠 35 克，氯化钠 10 克，氯化钾 10 克加水 1 000 毫升溶解，每次口服 50 ~ 60 毫升，每天 1 次，可连用数次。当瘤胃酸碱度升高时（pH 值在 8 以上）可用食醋 30 ~ 50 毫升，加水灌服。也可用酵母粉 10 克，红糖 10 克，酒精 10 毫克，陈皮酊 5 毫升，混合加水适量，1 次口服。

瘤胃兴奋剂可用 2% 毛果芸香碱 1 毫升，皮下注射。防止酸中毒，可口服碳酸氢钠 10 ~ 15 克。另外，可用大蒜酊 20 毫升，龙胆末 10 克，加水适量，1 次口服。

第十六节　瘤胃积食

一、概述

瘤胃积食是瘤胃充满多量食物，使正常胃的容积增大，胃壁急性扩张，食糜滞留在瘤胃，引起严重消化不良的疾病。该病临床特征为反刍、嗳气停止，瘤胃坚实，疝痛，瘤胃蠕动极弱或消失。

二、发病原因

采食过多的饲料，如苜蓿、青饲料、豆科牧草；或养分不足的粗饲料，如玉米秸秆等；采食干料，饮水不足也可引起该病的发生。

此外，因过食或偷食谷物精料，引起急性消化不良，使碳水化合物在瘤胃中形成大量乳酸，导致机体酸中毒，也可显示瘤胃积食的病理过程。

该病还可继发于前胃弛缓、瓣胃阻塞、创伤性网胃炎、腹膜炎、皱胃炎及皱胃阻塞等疾病的过程。

三、诊断

发病较快，采食、反刍停止，发病初期不断嗳气，随后嗳气停止，腹痛摇尾，或后蹄踏地，弓背，咩叫。后期病羊精神委靡。左侧腹部轻度膨大，肷窝略平或稍突出，触诊硬实。瘤胃蠕动初期增强，以后减弱或停止，呼吸急促，脉搏增数，黏膜发绀。严重者可见脱水，发生自体酸中毒和胃肠炎。

四、防治措施

严格饲养管理制度，加强对羊群检查，建立合理的饲喂和放牧操作程序。治疗应遵循消导下泻，止酵防腐，纠正酸中毒，健胃，补充液体的治疗原则。

消导下泻，可用石蜡油 100 毫升，人工盐或硫酸镁 50 克，芳香氨醑 10 毫克，加水 500 毫升，1 次灌服也可用番木鳖酊 3 毫升，龙胆紫 20 毫升，加水适量，1 次灌服，兴奋瘤胃蠕动。

止酵防腐，可用鱼石脂 1 ~ 3 克，陈皮酊 20 毫升，加水 250 毫升，1 次灌服。也可用煤油 3 毫升，加温水 250 毫升，摇匀呈悬浮液，1 次灌服。

纠正酸中毒，可用 5% 碳酸氢钠溶液 100 毫升，5% 葡萄糖溶液 200 毫升，1 次静脉注射；或用 11.2% 乳酸钠溶液 30 毫升，1 次静脉注射。

心脏衰竭时，可用 10% 安钠咖注射液 5 毫克，或 10% 樟脑磺酸钠注射液 4 毫升，肌内注射。呼吸系统和血液循环系统衰竭时，可用尼克刹米注射液 2 毫升，肌内注射。

中药治疗可用大黄 12 克，芒硝 30 克，枳壳 9 克，厚朴 12 克，玉片 1.5 克，香附子 9 克，陈皮 6 克，千金子 9 克，青皮 9 克，木香 3 克，二丑 12 克，煎水 500 毫升，1 次灌服。

种羊发生急性瘤胃积食，若应用药物治疗不能达到目的时，宜迅速采用瘤胃切开手术，进行急救。

第十七节 急性瘤胃臌胀

一、发病原因

急性瘤胃臌胀（气胀），是羊采食了大量易发酵的饲料，如幼嫩的紫花苜蓿等

而致。

秋季放牧羊群采食了大量的豆科牧草也易发病。冬、春两季给妊娠母羊补饲精料，群羊抢食，其中抢食过量的羊易发病，并可继发瘤胃积食。舍饲的羊群因喂霜冻、霉变的饲料，或喂多量的酒糟，均可成为本病的发生因素，每年剪毛季节常见肠扭转疾病的发生也可导致急性瘤胃臌胀。

二、诊断要点

初期病羊表现不安，回顾腹部，弓背伸腰，肷窝突起，有时左肷向外突出，高于髋节或脊背水平线，反刍和嗳气停止，触诊腹部紧张性增加，叩诊呈鼓音，听诊瘤胃蠕动力量减弱，次数减少。

三、防治措施

加强饲养管理，严禁在苜蓿地放牧；注意饲草饲料的贮藏，防止霉败变质。

治疗原则是胃管放气，防腐止酵，清理胃肠。可插入胃导管放气，缓解腹部压力。或用 5% 碳酸氢钠溶液 1 500 毫升洗胃，以排出气体及中和酸败胃内容物。必要时可进行瘤胃穿刺放气。具体操作方法如下：先在左肷部剪毛、消毒，然后以手术者的拇指压迫左肷部的中心点，使腹壁紧贴瘤胃壁，用兽用套管针或 16 号针头垂直刺入腹壁并穿透瘤胃的胃壁放气，在放气中紧紧按压住腹壁，勿使腹壁与瘤胃的胃壁脱离，边放气边下压，防止胃液漏入腹腔，引起腹膜炎。

可用石蜡油 100 毫升，鱼石脂 2 克，酒精 10 ~ 15 毫升，加水适量，一次口服。或用氯化钠 30 克，加水 300 毫升，1 次口服。或用二甲基硅油 1 克，加水适量，1 次灌服。或用芳香氨醑 20 毫升，加水适量，1 次灌服。

中药治疗可用莱菔子 30 克，芒硝 20 克，滑石 10 克，煎水，另加清油 30 毫克，1 次口服。

第十八节　瓣胃阻塞

一、概述

瓣胃阻塞是由于羊瓣胃的收缩力量减弱，食物排出作用不充分，通过瓣胃的食糜积聚，不能后移，充满瓣叶之间，水分被吸收，内容物变干而致病。其临床特征为瓣胃容积增大、坚硬、不排粪便、腹部胀满。

二、发病原因

该病主要由于饮水失宜和饲喂秕糠、粗纤维饲料而引起；或饲料和饮水中混有过多的泥沙而混入食糜，沉积于瓣胃瓣叶之间而发病。

本病可继发于前胃迟缓、瘤胃积食、皱胃阻塞和瓣胃和皱胃与腹膜粘连等疾病。

三、诊断

病羊初期症状与前胃迟缓相似，瘤胃蠕动力量减弱，瓣胃蠕动消失，并可继发瘤胃臌胀和瘤胃积食。触压病羊右侧第七至第九肋间，肩胛关节水平线上下时，羊表现疼痛不安。粪便干少、色泽暗黑，后期停止排粪。随着病程延长，瓣胃小叶发炎或坏死，常可继发败血症，此时可见体温升高、呼吸和脉搏加快，全身衰弱，病羊卧底不能站立，最后死亡。

根据病史和临床表现（病羊不排粪便，瓣胃区敏感，瓣胃扩大、坚硬等）即可确诊。

四、防治措施

应以软化瓣胃内容物为主，辅以兴奋前胃运动功能，促进胃内容物排出。

瓣胃注射疗法，对顽固性瓣胃阻塞疗效显著。具体方法是：用25%硫酸镁溶液30～40毫升，石蜡油100毫升，在右侧第九肋间隙和肩胛关节线交界下方，选用12号7厘米长针头，向对侧肩关节方向刺入4厘米深，刺入后可先注入20毫升生理盐水，若有较大压力时，表现针已刺入瓣胃中，再将上述准备好的药液用注射器交替注入瓣胃，于第二天再重复注射1次。

瓣胃注射后，可用10%氯化钙溶液10毫升、10%氯化钠溶液50～100毫升、5%葡萄糖生理盐水150～300毫升，混合1次静脉注射。待瓣胃松软后，皮下注射0.1%氯化氨甲酰胆碱（比赛可灵）溶液0.2～0.3毫升，兴奋胃肠运动功能，促进积聚物排出。此外，也可口服中药。选用健胃、止酵、通便、润燥、清热剂，效果佳良。方剂组成为：大黄9克，枳壳6克，二丑9克，玉片3克，当归12克，白芍2.5克，番泻叶6克，千金子3克，山枝2克，煎水口服。或用大黄末15克，人工盐25克，清油100毫升，加水300毫升，1次口服。

第十九节　创伤性网胃炎

一、概述

本病是由于异物刺伤网胃壁而发生的一种疾病。特征为急性前胃弛缓、胸壁疼痛、间歇性臌气、白细胞总数增加及白细胞核左移等。

二、发病原因

由于饲养管理不当，饲料加工过于粗放，调理饲料不经心的情况下，常发本病；随意舍饲和放牧，家畜采食了金属尖锐异物（铁钉、铁丝、针等）落入网胃造成。

三、临床症状

本病从吞入异物到发病，快的 1 ~ 4 天，慢则几周。一般发病缓慢，初期无明显变化，日久则表现精神不振，食欲反刍减少，瘤胃蠕动减弱或停止，并常出现反刍性臌气。病情较重时患羊行动小心，常有拱背、呻吟等疼痛表现。触诊网胃部，发生疼痛并抵抗，腹肌紧缩。患羊站立时，肘关节张开，起立时先起前肢。体温一般正常，但有时升高。

当发生创伤性心包炎时，病羊全身症状加重，体温升高，心跳明显加快，颈静脉努张，颌下、胸前水肿。叩诊心区扩大，有疼痛感。听诊心音减弱，混浊不清，常出现摩擦音及拍水音。病后期常导致腹膜粘连，心包化脓和脓毒败血症。

四、防治措施

预防：本病的常见病因是食入金属异物，因此减少异物进入网胃是有效的预防方法。除了注意草料的贮藏和加强管理外，还可在铡草机的饲草过板上放置磁力足够强的磁铁，以减少金属异物进入饲料和胃。

治疗：早期确诊后，用硫酸镁（钠）40 ~ 100 克、石蜡油 100 ~ 200 毫升或植物油 100 ~ 200 毫升，内服。重症病羊，可在用药后 8 ~ 10 小时，再用 2% 盐酸毛果芸香碱、新斯的明等，以提高疗效。也可采用瘤胃切开术，从网胃中取出异物，同时采用抗生素和磺胺类药物等对症治疗；如病已到晚期，并累及心包和其他器官，应将病羊淘汰。

>> 第三章
羊主要皮肤、黏膜损伤类疾病

第一节　口蹄疫

一、概述

口蹄疫（Foot and mouth disease, FMD）俗名"口疮""蹄癀"，是由口蹄疫病毒（Foot and mouth disease virus, FMDV）所引起的偶蹄动物的一种急性、热性、高度接触性传染病。临床上以口腔黏膜、蹄和乳房皮肤发生水泡和溃烂为特征。本病有强烈的传染性，往往造成大流行，不易控制和消灭，因此世界动物卫生组织（OIE）将其列入《OIE 疫病、感染及侵染名录》，我国 2008 年修订的《一、二、三类动物疫病病种名录》也将该病列为一类动物疫病。

二、流行病学

口蹄疫病毒可侵害多种动物，但主要为偶蹄兽。家畜以牛易感，其次是猪、绵羊、山羊和骆驼。仔猪和犊牛不但易感而且死亡率也高。野生动物中黄羊、鹿、麝和野猪也可感染发病，长颈鹿、扁角鹿、野牛、瘤牛等都易感。绵羊是本病的"贮存器"，猪是"扩大器"，牛是"指示器"。在症状出现前，从病畜体开始排出大量病毒，发病初期排毒量最多。病畜的水泡液、乳汁、尿液、口涎、泪液和粪便中均含有病毒。隐性带毒者主要为牛、羊及野生偶蹄动物，猪不能长期带毒。康复牛的咽喉带毒可达24 ~ 27 个月，羊带毒可达 7 个月。

该病入侵途径主要是消化道、呼吸道，也可经损伤的黏膜和皮肤传染。具有流行快、传播广、发病急、危害大等流行病学特点。疫区发病率可达50% ~ 100%，犊牛死亡率较高，其他则较低。可呈跳跃式传播流行。病毒能随风传播到 10 ~ 60 千米以外的地方。风和鸟类也是远距离传播的因素之一。本病传播虽无明显的季节性，且春秋两季较多，尤其是春季。

三、临床症状

绵羊的潜伏期为 2 ~ 8 天，最长为 14 天。

绵羊患病后，有时症状轻微，不被察觉。特别是当水泡仅限于口腔黏膜时，由于水疱较小，有米粒至豆粒大小，又无其他明显的并发症状如流涎和咂嘴等，而且水泡迅即消失。但如仔细检查，仍可见舌上有小水泡，唇部发炎肿胀，有时颊部和咽部也发炎肿胀。

蹄部发生水疱时表现跛行，病羊不愿运动。发炎变化常蔓延至蹄小囊，从蹄小囊的输出管道可以挤出多量脓性干酪团块。在个别病例，乳房、阴户和阴道中也有小水疱。

山羊患病也常轻微，症状和绵羊相似。但间或可见到严重病例：虚弱、高热、食欲减退或废绝、泌乳停止。下唇、口角、牙龈上、颊内面、硬腭上和舌早期便发生粟粒大、豌豆大，甚至蚕豆大的圆形或中卵圆形水疱，伴有中度的流涎，或者没有流涎。病羊前足采取前踏姿势，腕部弯曲，用后足向前拖行。伴有心脏变化的死于衰竭，或者事先不表现明显的症状而突然死亡。

四、病理变化

口腔和蹄冠部出现水疱，水疱破溃后呈现底面浅平的烂斑。可见到食道和瘤胃黏膜有水疱和烂斑，尤其是瘤胃肉柱上有水疱和烂班；胃肠有出血性炎症；肺呈浆液性浸润；心包内有大量混浊而黏稠的液体。恶性口蹄疫可在心肌切面上见到灰白色或淡黄色条纹与正常心肌相伴而行，如同虎皮状斑纹，俗称"虎斑心"。

五、诊断

根据以下诊断要点可作出初步诊断：发病急、流行快、传播广、发病率高，但死亡率低，且多呈良性经过；大量流涎，呈引缕状；病程清晰；口蹄疮定位明确（口腔黏膜、蹄部和乳头皮肤），病变特异（水疱、糜烂）；恶性口蹄疫时可见虎斑心。应注意与蓝舌病和传染脓疱相区别。

可根据 GB/T 18935—2003《口蹄疫诊断技术》、SN/T 1181—2010《口蹄疫检疫技术规范》或 GB/T 27528—2011《口蹄疫病毒实时荧光 RT-PCR 检测方法》等国家或行业标准对样品中的口蹄疫病毒病原或抗体做出诊断。

六、防治措施

发生口蹄疫后，应迅速报告疫情，划定疫点、疫区，按照"早、快、严、小"的原则，亦即执行封锁应在流行早期，行动果断迅速，封锁严密，范围不宜过大。及时严格封锁，病畜及同群畜应隔离急宰，同时对病畜舍及污染的场所和用具等彻底消毒，对受威胁区的易感畜进行紧急预防接种，在疫区最后一头病畜痊愈或屠宰后 14 天内，未再出现新的病例，经大消毒后可解除封锁。

平时要做好消毒、杀虫、灭鼠工作。口蹄疫病毒对外界环境的抵抗力很强，含病毒组织或被病毒污染的饲料、皮毛及土壤等可保持传染性数周至数月。在冰冻情况下，血液及粪便中的病毒可存活 120 ～ 170 天。对日光、热、酸、碱敏感，阳光直射下 60 分钟即可杀死；加温 85℃ 15 分钟、煮沸 3 分钟即可死亡。故 2% ～ 4% 氢氧化钠、30% 热草木灰、3% ～ 5% 福尔马林、0.2% ～ 0.5% 过氧乙酸、5% 氨水、5% 次氯酸钠都是该病毒的良好消毒剂。

对口蹄疫疫点和疫区的紧急防疫消毒、终末消毒以及受威胁区和非疫区的预防消毒技术规范和消毒方法，以及疑似或确认为口蹄疫疫情后的消毒方法，可参照农业行业标准 NY/T 1956—2010《口蹄疫消毒技术规范》。

第二节 小反刍兽疫

小反刍兽疫，又称羊瘟或伪牛瘟。是由小反刍兽疫病毒引起绵羊和山羊的一种急性传染病，床上以高热、眼鼻有大量分泌物、上消化道溃疡和腹泻为主要特征。临床常见口腔黏膜弥漫性溃疡和大量流涎，可能转变成坏死。详见"第二章第一节小反刍兽疫"。

第三节 蓝舌病

一、概述

蓝舌病（bluetongue）是由蓝舌病病毒（bluetongue disease virus, BTV）引起，以昆虫为传播媒介的反刍动物的一种病毒性传染病。其特征是发热，消瘦，口、鼻和胃黏膜的溃疡性炎症。世界动物卫生组织（OIE）将本病列入《OIE 疫病、感染及侵染名录》，我国 2008 年修订的《一、二、三类动物疫病病种名录》也将其列为一类动物疫病。

二、流行病学

绵羊易感，1 岁左右的绵羊最易感，吃奶的羔羊有一定的抵抗力。牛和山羊的易感性较低。野生动物中鹿和羚羊易感，其中以鹿的易感性较高。

病畜及带毒动物是本病的传染源。病毒存在于病畜血液和各器官中，病愈绵羊的血液能带毒达4个月之久，牛多为隐性感染，它们都可以传播本病。本病主要通过库蠓传递，病毒可在虫体内增殖。绵羊虱蝇也能机械传播本病。公牛感染后，其精液内带有病毒，可通过交配和人工授精传染给母牛。病毒也可通过胎盘感染胎儿。

本病发生有严格的季节性，多发生于炎热的夏季和早秋，特别是池塘、河流较多的低洼地区。

三、临床症状

潜伏期为3～8天。病初体温升高达40.5～41.5℃，稽留5～6天。表现厌食，委顿，落后于羊群。流涎、口唇水肿，面部、耳部皮肤充血。口腔黏膜充血，后发绀，呈青紫色。在发热几天后，口腔连同唇、齿龈、颊、舌黏膜糜烂，致使吞咽困难（图3-1，图3-2）。随着病的发展，在溃疡损伤部位渗出血液、唾液呈红色，口腔发臭。鼻流出炎性、黏性分泌物，鼻孔周围结痂，引起呼吸困难和鼾声。有时蹄冠、蹄叶发生炎症，触之敏感，呈不同程度的跛行，甚至膝行或卧地不动。病羊消瘦、衰弱，有的便秘或腹泻，有时下痢带血，有时可继发细菌感染。早期有白细胞减少症。孕羊流产。

图3-1　患病羊唇黏膜糜烂，
唾液混有血液，呈红色

图3-2　患病羊耳部水肿

急性型病程一般为6～14天，发病率30%～40%，病死率2%～3%，有时高达90%。亚急性型病死率在10%以下，怀孕4～8周母羊感染后所生的羔羊约有20%发育有缺陷，如脑积水、小脑发育不全等。

山羊的症状与绵羊相似，但一般比较轻微。

四、病理变化

主要见于口腔、瘤胃、心、肌肉、皮肤和蹄部。口腔出现糜烂和深红色区，舌、齿龈、硬腭、颊黏膜和唇水肿。瘤胃有暗红色区，表面有空泡变性和坏死，食道及瓣胃黏膜坏死。真皮充血，出血和水肿。肌肉出血，肌纤维变性，有时肌间有浆液和胶冻样浸润。呼吸道、消化道和泌尿道黏膜及心肌、心内外膜均有小点出血。

五、诊断

发热、白细胞减少、口和唇肿胀、糜烂、跛行、行动强直、蹄的炎症，夏季发病等是诊断本病的主要依据。为确诊，可采早期病畜的血液分别接种易感绵羊和免疫绵羊。血清学诊断可对疾病进行定性和区别病毒的血清型。DNA探针和PCR也已经应用于本病的诊断。具体可参照GB/T 18089—2008《蓝舌病病毒分离、鉴定及血清中和抗体检测技术》或SN/T 1165.1—2002《蓝舌病竞争酶联免疫吸附试验操作规程》等国家或行业标准进行诊断。

六、防治措施

尚无特效疗法。可用0.1%高锰酸钾或1%硫酸铜溶液冲洗口腔，涂上青黛散；羊可用10%葡萄糖酸钙溶液10～30毫升、硫酸庆大霉素10万～20万国际单位、地塞米松（孕羊禁用）5毫克或氢化可的松10～50毫克、30%安乃近5～10毫升，10%葡萄糖溶液100～300毫升，混合静脉注射，同时，肌内注射黄芪多糖。

病畜或分离出病毒的阳性畜应予以扑杀；血清学阳性畜，要定期复检，限制其流动，就地饲养使用，不能留作种用。严禁从有本病的国家和地区引进牛、羊。切实作好冷冻精液的管理工作。定期进行药浴、驱虫，控制和消灭本病的媒介库蠓。蓝舌病病毒抵抗力很强，50℃加热1小时不能灭活。在50%甘油生理盐水中于室温下可存活多年。对3%氢氧化钠敏感。

在流行地区可在每年发病季节前1个月接种疫苗；本病病原有多型性，且型与型之间无交叉免疫力，故免疫应使用与流行血清型相一致的疫苗；羔羊获得的母原抗体能保持3～6个月，因此羔羊应在6个月龄以上接种为宜；母羊应在配种前或怀孕3个月后接种。目前有弱毒苗、灭活苗和亚单位苗，以弱毒苗常用。在新发病地区可用疫苗进行紧急接种。

第四节　羊痘病

一、概述

痘病（variola）是由痘病毒引起的一种急性、热性、接触性传染病。绵羊和山羊均可发生痘病，称为绵羊痘（variola ovina; sheep pox）和山羊痘（variola caprina; goat pox），分别由绵羊痘病毒（sheep pox virus, SPPV）和山羊痘病毒（goat pox virus, GTPV）引起。本病特征是在皮肤和黏膜上发生特殊的痘疹，可见到典型的斑疹、丘疹、水疱、脓疱和结痂等病理过程。世界动物卫生组织（OIE）将绵羊痘和山羊痘列入《OIE疫病、感染及侵染名录》，我国2008年修订的《一、二、三类动物疫病病种名录》也将其列为一类动物疫病。

二、流行病学

本病主要经呼吸道感染，也可通过损伤的皮肤或黏膜感染。饲养管理人员、护理用具、皮毛、饲料、垫草和外寄生虫等都可成为传播的媒介。不同品种、性别、年龄的绵羊都有易感性，以细毛羊为最易感，羔羊比成年羊易感。妊娠母羊易引起流产。

本病多发生于冬末春初，气候寒冷、饲草缺乏和饲养管理不良可促使本病发生。

三、临床症状

本病的潜伏期平均为6～8天，病羊体温升高达41～42℃，食欲减少，精神不振，结膜潮红，有浆液、黏液或脓性分泌物从鼻孔流出。呼吸和脉搏增速，经1～4天发痘。

痘疹多发生于皮肤无毛或少毛部分，如眼周围、唇、鼻、乳房、外生殖器、四肢和尾内侧（图3-3，图3-4，图3-5）。开始为红斑，1～2天后形成丘疹，凸出皮肤表面，随后丘疹逐渐扩大，变成灰白色或淡红色，半球状的隆起结节。结节在几天内变成水泡，水泡内容物初期像淋巴液，后变成脓性，如无继发感染则在几天内干燥成棕色痂块，痂块脱落遗留一个红

图3-3　病羊口唇部痘疹

图 3-4　病羊乳房周围痘疹

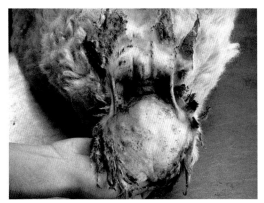

图 3-5　病羊尾根处痘疹

斑，后颜色逐渐变淡。病程 3 ～ 4 周。

非典型病例，仅出现体温升高和黏膜卡他性炎症，不出现或少量痘疹，或痘疹出现硬结状，在几天内干燥后脱落，不形成水泡和脓疱。此称之为"石痘"。有的病例痘疱内出血，呈黑色痘。有的病例痘疱发生化脓和坏疽，形成相当深的溃疡，发出恶臭，多呈恶性经过，病死率 25% ～ 50%。

四、病理变化

除皮肤病变外，在前胃或第四胃黏膜上，往往有大小不等的圆形或半球形坚实的结节，单个或融合存在，有的病例还形成糜烂或溃疡（图 3-6，图 3-7）。咽、食道和支气管黏膜亦常有痘疹。在肺见有干酪样结节和卡他性肺炎区。

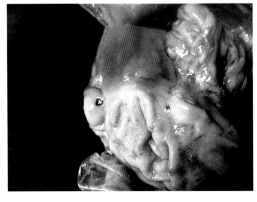

图 3-6　病羊舌面溃疡

图 3-7　胃黏膜溃疡

此外，常见细菌性败血症变化，如肝脂肪变性、心肌变性、淋巴结急性肿胀等。病羊常死于继发感染。

五、诊断

典型病例根据症状、病变和流行特征不难诊断。非典型病例可采丘疹组织涂片，莫洛左夫镀银染色法染色，在胞浆内可见有深褐色的球样圆形小颗粒（原生小体），可确诊。姬姆萨染色，可见胞浆内包涵体为红紫色或淡青色。可参照NY/T 576—2015《羊痘和山羊痘诊断技术》SN/T 2452—2010《绵羊痘和山羊痘检疫技术规范》对羊痘进行临床诊断和实验室诊断。

鉴别诊断需注意与以下疾病相区别：羊传染性脓疱（口疮）主要在口唇和鼻周围皮肤上形成水泡、脓疱，而后结成厚而硬的痂，一般无全身反应。

六、防治措施

加强饲养管理。主要措施有冬季注意防寒补饲，不能将羊群饲养在阴暗潮湿、拥挤通风不良的环境中，要定期驱除羊体内外寄生虫。

新购进羊应隔离观察4～6个月。运输途中发生此病应立即停运并就地实施隔离封锁。在羊痘常发地区的羊群，每年秋季对存栏羊用羊痘鸡胚化弱毒疫苗或山羊痘鸡胚化弱毒疫苗进行预防接种，常年对断奶羔羊、新购进羊进行补注，密度达到90%以上。不论大小，一律在尾部或股内侧皮内注射疫苗0.5毫升，注射后4～6天产生可靠的免疫力，免疫期可持续1年。

发病羊群：对病羊隔离、封锁和消毒。病死羊的尸体应深埋。对尚未发病的羊只或邻近已受威胁的羊群均可用羊痘鸡胚化弱毒疫苗进行紧急接种。消毒可用1%福尔马林，2%氢氧化钠等消毒。病羊可用康复血清10～20毫升肌内注射，若进入脓疱期则要加大剂量。痘疹局部用0.1%高锰酸钾洗涤、涂龙胆紫或碘甘油。痘病毒对寒冷和干燥抵抗力较强，在干燥的痂块中可以存活6～8个月（有的说：可以存活几年）。对热抵抗力不强，55℃ 20分钟或37℃ 24小时，均可使病毒灭活。0.5%福尔马林、0.01%碘溶液等可在数分钟可使其死亡。

第五节　羊传染性脓疱

一、概述

羊传染性脓疱（contagious ecthyma, CE），又称"羊口疮"，特点是在羊的口唇等处的皮肤和黏膜上，先发生丘疹、水泡，后形成脓疱、溃疡，最后结成桑葚状的厚痂块；部分病羊伴有眼结膜发炎，开始眼流水、发红，最后结膜变白变厚、瞎眼。其病原是传染性脓疱病毒（Orf virus, ORFV），一种嗜上皮性病毒。我国2008年修订的《一、二、三类动物疫病病种名录》将该病列为三类动物疫病。

二、流行病学

本病只危害绵羊和山羊，且以3～6月龄的羔羊发病为多，常呈群发性流行。成年羊也可感染发病，但呈散发性流行。人也可感染羊口疮病毒。病羊和带毒羊为传染源，主要通过损伤的皮肤、黏膜感染。自然感染是由于引入病羊或带毒羊，或者利用被病羊污染的厩舍或牧场而引起。由于病毒的抵抗力较强，本病在羊群内可连续危害多年。

三、临床症状及病理变化

本病潜伏期4～8天。在临床上一般分为唇型、蹄型和外阴型3种病型，也见混合型感染病例。

唇型：病羊首先在口角、上唇或鼻镜上出现散在的小红斑，逐渐变为丘疹和小结节，继而成为水泡或脓疱，破溃后结成黄色或棕色的疣状硬痂。如为良性经过，则经1～2周痂皮干燥、脱落而康复。严重病例，患部继续发生丘疹、水泡、脓疱、痂垢，并互相融合，波及整个口唇周围及眼睑和耳廓等部位，形成大面积龟裂、易出血的污秽痂垢。痂垢下伴以肉芽组织增生，痂垢不断增厚，整个嘴唇肿大外翻呈桑葚状隆起，影响采食，病羊日趋衰弱。部分病例常伴有坏死杆菌、化脓性病原菌的继发感染，引起深部组织化脓和坏死，致使病情恶化。有些病例口腔黏膜也发生水泡、脓疱和糜烂，使病羊采食、咀嚼和吞咽困难。个别病羊可因继发肺炎而死亡。继发感染的病害可能蔓延至喉、肺以及真胃。

蹄型：病羊多见一肢患病，但也可能同时或相继侵害多数甚至全部蹄端。通常于蹄叉、蹄冠或系部皮肤上形成水泡、脓疱，破裂后则成为由脓液覆盖的溃疡。如继发感染则发生化脓、坏死，常波及基部、蹄骨，甚至肌腱或关节。病羊跛行，长期卧地，病期缠绵。也可能在肺脏、肝脏以及乳房中发生转移性病灶，严重者衰竭而死或因败血症死亡。

外阴型：外阴型病例较为少见。病羊表现为黏性或脓性阴道分泌物，在肿胀的阴唇及附近皮肤上发生溃疡；乳房和乳头皮肤（多系病羔吮乳时传染）上发生脓疱、烂斑和痂垢；公羊则表现为阴囊鞘肿胀，出现脓疱和溃疡。

四、诊断

典型病例根据症状、病变和流行特征不难诊断。确诊需进行实验室检查。

1. 病原学检查

（1）病料采集。病变局部采集水疱液、水疱皮、脓疱皮以及较深层痂皮。

（2）电镜观察。病料制片，磷钨酸钠负染后直接作电镜挂查，可见特殊形态的羊口疮病毒粒子，结合流行病学分析、临床症状和病变，即可确诊。

（3）分离培养。羊口疮病毒可用胎羊皮肤细胞，牛、羊睾丸细胞和肾细胞，人羊膜细胞等进行分离培养。一般接种后48～60小时可见细胞变圆、团聚和脱壁等病变，并可观察到胞当内嗜酸性包涵体。

（4）动物接种试验。病料制成乳剂，划痕接种于健康羔斗口唇，次日即可观察到接种部位红肿，继而出现水疱，4～6天变为脓疱，经3～4周脱落。

2. 血清学试验

本病可用补体结合反应、琼脂扩散试验、免疫荧光技术、反向间接血凝试验、酶联免疫吸附试验等血清学方法进行诊断。 类症鉴别 本病须与羊痘、坏死杆菌病等类似疾病相鉴别。

（1）羊传染性脓疱与羊痘的鉴别。羊痘的痘疹多为全身性，而且病羊体温升高，全身反应严重。痘疹结节呈圆形凸出于皮肤表面，界限明显，似脐状。

（2）羊传染性脓疱与坏死杆菌病的鉴别。坏死杆菌病主要表现为组织坏死，一般无水疱、脓疱的病变，也无疣状增生物。进行细菌学检查和动物试验即可区别。

五、防治措施

第一，勿从疫区引进羊或购入饲料、畜产品。引进羊须隔离观察2～3周，严格检疫，

同时应将蹄部多次清洗、消毒，证明无病后方可混入大群饲养。

第二，保护羊的皮肤、黏膜勿受损伤，捡出饲料和垫草中的芒刺。加喂适量食盐，以减少羊只啃土、啃墙，防止发生外伤。

第三，本病流行区用羊口疮弱毒疫苗进行免疫接种，使用疫苗株毒型应与当地流行毒株相同。也可在严格隔离的条件下，采集当地自然发病羊的痂皮回归易感羊制成活毒疫苗，对未发病羊的尾根无毛部进行划痕接种，10天后即可产生免疫力，保护期可达1年左右。

第四，病羊可先用水杨酸软膏将痂垢软化，除去痂垢后再用0.1%～0.2%高锰酸钾溶液冲洗创面，然后涂2%龙胆紫、碘甘油溶液或土霉素软膏，每日1～2次，至痊愈。蹄型病羊则将蹄部置5%～10%福尔马林溶液中浸泡1分钟，连续浸泡3次；也可隔日用3%龙胆紫溶液、1%苦味酸溶液或土霉素软膏涂试患部。

第六节 坏死杆菌病

一、概述

坏死杆菌病（necrobacillosis）是由坏死梭杆菌（Fusobacterium necrophorum）引起的畜禽共患的一种慢性传染病。在临床上表现为皮肤、皮下组织和消化道黏膜的坏死，有时在其他脏器上形成转移性坏死灶。

该菌至少可产生两种毒素，其外毒素皮下注射（兔）可引起组织水肿，静脉注射则数小时内死亡；内毒素皮下或皮内注射可致组织坏死。

坏死梭杆菌对理化因素抵抗力不强，对热及常用消毒剂敏感，但在污染的土壤中能长时间存活。本菌对4%的醋酸敏感。

二、流行病学

坏死梭杆菌在自然界分布很广，动物的粪便、死水坑、沼泽和土壤中均有存在，通过操作的皮肤和黏膜而感染，多见于低洼潮湿地区和多雨季节，呈散发性或地方性流行。

三、临床症状及病理变化

绵羊患坏死杆菌病多于山羊，常侵害蹄部，引起腐蹄病。初呈跛行，多为一肢患病，蹄间隙、蹄和蹄冠开始红肿、热痛，而后溃烂，挤压肿烂部有发臭的脓样液体流出。随病变发展，可波及到腱、韧带和关节，有时蹄匣脱落。绵羊羔可发生唇疮，在鼻、唇、眼部甚至口腔发生结节和水泡，随后成棕色痂块。轻症病例，能很快恢复，重症病例若治疗不及时，往往由于内脏形成转移性坏死灶（图3-8，图3-9）而死亡。

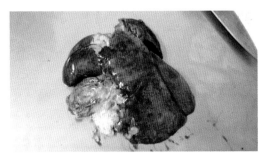
图 3-8　肺部转移性坏死灶

图 3-9　肝脏转移性坏死灶

四、诊断

根据流行特点和临床症状，基本上可以确诊。试验诊断可从病羊的病灶与健康组织的交界处采取病料涂片，用稀释石炭酸复红或碱性美蓝加温染色、镜检，发现着色不匀，犹如串珠状细长丝状菌即可作出诊断，必要时可进行分离培养及动物试验确诊。

五、防治措施

预防应加强管理，保持羊圈干燥，避免发生外伤，如发生外伤，应及时涂擦碘酊。

对羊腐蹄病的治疗，首先要清除坏死组织，用食醋、3% 来苏儿或 1% 高锰酸钾溶液脚浴，然后用抗生素软膏涂抹，为防止硬物刺激，可将患部用绷带包扎。当发生转移性病灶时，应进行全身治疗，以注射磺胺嘧啶或土霉素效果最好，连用 5 日，并配合应用强心和解毒药，可促进康复，提高治愈率。

第七节　恶性水肿

一、概述

恶性水肿（malignant edemn）是由以腐败梭菌（Clostridium septicum）为主的多种

梭菌引起多种动物的一种经创伤感染的急性传染病。据报道恶性水肿病例有 60% 可分离到腐败梭菌，其次是产气荚膜梭菌，诺威氏梭菌和溶组织梭菌仅占 5%。

本病特征为创伤局部发生急性气性炎性水肿，并伴有发热和全身性毒血症。

二、流行病学

本病一般只是散发形式。恶性水肿病的病原体在自然界分布极广，各种动物特别是草食动物的肠道内、土壤表层尤其是动物粪便污染的土壤内都有大量菌体存在，可随尘埃飞扬散布。

在哺乳动物中，马、绵羊多发；牛、猪、山羊次之，犬、猫不能自然感染。年龄、性别、品种与发病无关。该病主要经创伤传染，如去势、断尾、分娩、外科手术、注射等没有严格消毒致本菌芽孢污染而引起感染。

三、临床症状及病理变化

潜伏期 12 ~ 72 小时。病初减食，体温升高，在伤口周围发生炎性水肿，迅速弥散扩大，尤其在皮下疏松结缔组织处更明显。病变部初坚实、灼热、疼痛、后变无热、无痛、手压柔软、有捻发音。切开肿胀部，皮下和肌间结缔组织内有多量淡黄色或红褐色液体浸润，并流出带有气泡的酸臭液体。创面呈苍白色，肌肉暗红色。病程发展急剧，多有高热稽留，呼吸困难，脉搏细速，眼结膜黄染发绀，偶有腹泻，多在 1 ~ 3 天内死亡。

若经分娩感染，则在 2 ~ 5 天内阴道流出不洁的红褐色恶臭液体，阴道黏膜潮红增温、会阴水肿，并迅速蔓延至腹下、股部，以致发生运动障碍和前述全身症状。

因去势感染时，多在 2 ~ 5 天内，阴囊、腹下发生弥漫性气性炎性水肿、疝痛、腹壁知觉过敏，与此同时也伴有前述全身症状。

四、诊断

据临诊特点，结合外伤情况及病理剖检可作出初步诊断。必要时，可进行病原厌氧分离培养和鉴定。

诊断要点为：发病前常有外伤史；病变部明显水肿，水肿液内含气泡；病变部肌肉变性、坏死；若为产后发病，则子宫及其周围组织（结缔组织、肌肉等）明显水肿，内含气泡；若为去势后发病，则阴囊、腹甲发生弥漫性炎性水肿；采取水肿液涂片染色镜检，可见中立或近端立的宽于菌体的芽孢杆菌，革兰氏阳性；肝脏表面触片中发现长丝状大杆菌可确诊。

五、防治措施

外伤（包括分娩和去势等）后严格消毒及正确治疗是防治本病的关键措施。发现病羊应即隔离，被病畜排泄物和局部渗出物所污染的物品、场所应严格消毒，尸体烧毁或深埋。

病羊早期大剂量应用青霉素或与链霉素联合应用或四环素，静脉注射，同时全身可采用强心、补液、解毒等对症疗法。早期之局部治疗可切开肿胀处，清创使病变部分充分通气，用大量的 1% 高锰酸钾或 3% 过氧化氢溶液反复冲洗，也可用 3% 的过氧化氢于肿胀周围进行点状注射，每点注射 3 ~ 5 毫升；创口开放，每天冲洗一次，直至肉芽新生，再按一般感染创伤治疗。

第八节　衣原体病

衣原体病是由衣原体引起的多种畜、禽和人共患的传染病总称。有多种临床表现。羊衣原体病主要由流产衣原体引起，幼羊多表现为多发性关节炎和滤泡性结膜炎，详见"第四章第八节羊衣原体病"中的"结膜炎型"。

第九节　钩端螺旋体病

一、概述

钩端螺旋体病（leptospirosis）是由致病性钩端螺旋体（pathogenic leptospire）引起的人畜共患的急性传染病（图 3-10）。特征为黄疸，血色素尿，黏膜和皮肤坏死，短期发热和迅速衰弱。羊感染后多呈隐性经过。

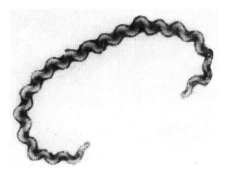

图 3-10　钩端螺旋体形态观察

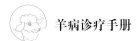

二、流行病学

所有家畜、鼠类和人都可感染发病。病原主要由尿中排出，污染周围土壤、水源、饲料、圈舍、用具等，经消化道或皮肤黏膜引起传染。本病在夏、秋季多见，幼羊较成年羊易感且病情严重，一般呈散发。

三、临床症状

本病潜伏期 2 ~ 20 天。羊通常表现为隐性传染，临床表现体温升高，呼吸和心跳加速，结膜发黄，黏膜和皮肤坏死，消瘦，黄疸，血尿，迅速衰竭而死；孕羊流产。

四、病理变化

剖检病变可见皮下组织发黄（图 3-11），内脏广泛发生出血点；肾脏表面有多处散在的红棕色或灰白色小病灶，肝肿大，有坏死灶；膀胱内有红色尿液；淋巴结肿大，皮肤和黏膜坏死或溃疡（图 3-12）。

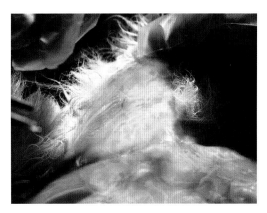

图 3-11　患病羊皮下组织可见水肿而黄染

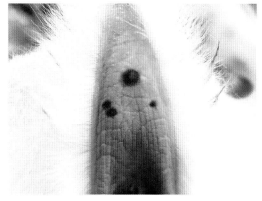

图 3-12　患病羊尾下面的皮肤发生坏死

五、诊断

根据发病特点、发病症状、病理变化，结合实验室检查，作出确诊。在病羊发热初期，采取血液，在无热期采取尿液；死后立即取肾和肝，送实验室进行钩端螺旋体检查。用姬姆萨或镀银染色或暗视野直接镜检，可见到菌体呈螺旋状、两端弯曲成钩状的病原体。

六、防治措施

钩端螺旋体对外界抵抗力较强，在水田、池塘、沼泽中可以存活数月或更长时间。对热、日光、干燥和一般消毒剂均敏感。严防病畜尿液污染周围环境，对污染的场地、用具、栏舍可用 1% 石炭酸或 0.5% 甲醛液消毒。常发地区应提前预防接种钩端螺旋体菌苗或接种本病多价苗。严禁从疫区引进羊只，必要时引进的羊应隔离观察 1 个月确认无病后才能混群。

链霉素和四环素族抗生素对本病有一定疗效。链霉素按每千克体重 15 ~ 25 毫克，肌内注射，1 天 2 次，连用 3 ~ 5 天；土霉素按每千克体重 10 ~ 20 毫克，肌内注射，每天 1 次，连用 3 ~ 5 天。使用大剂量青霉素也有一定疗效。

第十节　羊传染性角膜结膜炎

一、概述

羊传染性角膜结膜炎（ovine infectious keratoconjunctivitis）又称"流行性眼炎""红眼病"。主要以急性传染为特点，眼结膜与角膜先发生明显的炎症变化，其后角膜混浊，呈乳白色。羊传染性角膜结膜炎是一种多病原的疾病，其病原体有鹦鹉热衣原体、立克次体、结膜乳支原体、奈氏球菌、李氏杆菌等，目前认为，主要由衣原体引起。

二、流行病学

主要侵害反刍动物，特别是山羊，尤其是奶山羊，绵羊、乳牛、黄牛、水牛、骆驼等也能感染，偶尔波及猪和家禽。年幼动物最易得病。一般是由已感染的动物或传染物质进入畜群，引起同种动物感染，但也有通过接触感染，蝇类或某种飞蛾可机械传递本病，患病动物的分泌物、如鼻涕、泪、奶及尿的污染物，均能散播本病。多发生在蚊蝇较多的炎热季节，一般是在 5 — 10 月夏秋季，以放牧期发病率最高，进入舍饲期也有少数发病的，多为地方性流行。

三、临床症状

主要表现为结膜炎和角膜炎。多数病羊先一眼患病，然后波及另一眼，有时一侧发病较重，另一侧较轻。发病初期呈结膜炎症状、流泪、羞明、眼睑半闭。眼内角流出浆液或黏液性分泌物，不久则变成脓性。上、下眼睑肿胀、疼痛、结膜潮红，并有树枝状充血，其后发生角膜炎、角膜浑浊和角膜溃疡（图3-13），眼前房积脓或角膜破裂，晶状体可能脱落，造成永久性失明。

四、防治措施

有条件的种畜场（羊场），应建立健康群，立即隔离病畜，划定疫区，定时清扫消毒，严禁牛羊易感运动流动；新购买的羊只，至少需隔离60天，方能允许与健康者合群。

图3-13　角膜炎、角膜混浊和角膜溃疡

一般病羊若无全身症状，在半个月内可以自愈。发病后应尽早治疗，越快越好。用2%～4%硼酸液洗眼，拭干后再用3%～5%弱蛋白银溶液滴入结膜囊中，每天2～3次，也可以用0.025%硝酸银液滴眼，每天2次，或涂以青霉素、四环素软膏。如有角膜混浊或角膜翳时，可涂以1%～2%黄降尿软膏，每天1～2次。可用0.1%新洁尔灭，或用4%硼酸水溶液逐头洗眼后，再滴以5 000单位/毫升普鲁卡因青霉素（用时摇匀），每天2次，重症病羊加滴醋酸可的松眼药水，并放太阳穴、三江穴血。角膜混浊者，滴视明露眼药水效果很好。

第十一节　硬蜱

一、概述

硬蜱（hard tick）是指硬蜱科的各属蜱，又称为扁虱、牛虱、草爬子、草瘪子、马鹿虱、狗豆子等，分布广泛，种类繁多，形态相似，均为绿豆粒大小、红褐色虫体（图3-14）。它们全部营寄生生活，是牛羊等家畜体表的一类吸血性的外寄生虫。吸饱血后膨胀如赤豆或蓖麻籽大。

二、生活史

硬蜱发育要经过变态，包括卵、幼蜱、若蜱和成蜱四个阶段。雌蜱吸饱血后离开宿主产卵，虫卵呈卵圆形，黄褐色，胶着成团，经 2 ~ 4 周孵出幼蜱。几天后幼蜱侵袭宿主吸血，蛰伏一定时间后蜕皮变为若蜱，若蜱再吸血后蜕皮变为成蜱。在硬蜱整个发育过程中，需有 2 次蜕皮和 3 次吸血期。根据在吸血时是否更换宿主可分为以下 3 种类型。

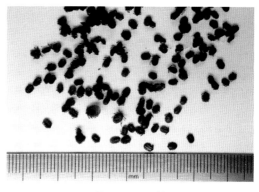

图 3-14　硬蜱

一宿主蜱的生活史各期均在 1 个宿主体上完成，如微小牛蜱。

二宿主蜱整个发育在 2 个宿主体上完成，即幼蜱在宿主体上吸血并蜕皮变为若蜱，若蜱吸饱血后落地，蜕皮变为成蜱后，再侵袭第 2 个宿主吸血，如某些璃眼蜱。

三宿主蜱种类最多，2 次蜕皮在地面上完成，而 3 个吸血期更换 3 个宿主，即幼蜱在 1 宿主体上饱血后，落地蜕皮变为若蜱，若蜱再侵袭第 2 宿主，饱血后落地蜕皮变为成蜱，成蜱再侵袭第 3 宿主吸血，如长角血蜱、草原革蜱等。

发育时间：幼蜱吸血时间需 2 ~ 6 天，若蜱需 2 ~ 8 天，成蜱需 6 ~ 20 天。硬蜱生活史的长短主要受环境温度和湿度影响，1 个生活周期为 3 ~ 12 个月，环境条件不利时出现滞育现象，生活周期延长。

三、生物学特点

侵袭动物：大多数寄生于哺乳动物，少数寄生于鸟类和爬虫类，个别寄生于两栖类。

繁殖力：硬蜱产卵数量因种而异，一般产卵为几千个。

寿命：成蜱在饥饿状态下可活 1 年，饱血后的雄蜱可活 1 个月左右，而雌蜱产完卵后 1 ~ 2 周死亡。幼蜱和若蜱一般只能活 2 ~ 4 个月。

抵抗力：硬蜱可在栖息场所或宿主体上越冬，越冬的虫期因种类而异，有的各虫期均可越冬，有的以某一虫期越冬。硬蜱具有很强的耐饥饿能力。

地理分布：蜱的分布与气候、地势、土壤、植被和宿主等有关，各种蜱均有一定的地理分布区。

季节动态：硬蜱活动有明显的季节性，在四季变化明显的地区，多数在温暖季节活动。

四、主要危害

硬蜱可以寄生于多种动物，亦可侵袭人。直接危害是吸食血液，并且吸食量很大，雌虫饱食后体重可增加 50 ～ 250 倍。大量寄生时可引起动物贫血，消瘦，发育不良，皮毛质量降低及产乳量下降等。由于叮咬使宿主皮肤产生水肿、出血、急性炎性反应。蜱的唾腺能分泌毒素，使动物产生厌食，体重减轻和代谢障碍。某些种的雌蜱唾腺可泌一种神经毒素，它抑制肌神经乙酰胆碱的释放，造成运动神经传导障碍，引起急性上行性肌萎缩性麻痹，称为"蜱瘫痪"。

蜱的主要危害是作为生物媒介传播疾病，已知可以传播 83 种病毒、15 种细菌、17 种螺旋体、32 种原虫以及衣原体、支原体、立克次体等。其中许多是人畜共患病，如森林脑炎、莱姆热、出血热、Q 热、蜱传斑疹伤寒、鼠疫、野兔热、布鲁氏菌病、牛羊梨形虫病等。对动物危害严重的巴贝斯虫病和泰勒虫病必须依赖硬蜱传播。

五、防治措施

因地制宜采取综合性防治措施，以人工捕捉或用杀虫剂灭蜱。

动物体灭蜱：在蜱活动季节，每天刷拭动物体，发现蜱时使蜱体与皮肤垂直拨出，集中杀死。药物灭蜱可选用 2% 敌百虫，0.2% 马拉硫磷，0.2% 辛硫磷，大动物每头 500 毫升，小动物每头 200 毫升，每隔 3 周向动物体表喷洒 1 次。还可皮下注射伊维菌素每千克体重 0.2 毫克。

圈舍灭蜱：对圈舍的墙壁、地面、饲槽等小孔和缝隙撒克辽林或杀蜱药剂，堵塞后用石灰乳粉刷。也可用 0.05% ～ 0.1% 溴氰菊脂（倍特），1% ～ 2% 马拉硫磷，1% ～ 2% 倍硫磷喷洒。

自然界灭蜱：改变有利于蜱生长的自然环境，如翻耕牧地，清除杂草、灌木丛，在严格监督下烧荒等。有条件时还可对蜱滋生场所进行超低容量喷雾，如 50% 马拉硫磷乳油 0.4 ～ 0.75 毫升／平方米，或 90% 原油 0.05 ～ 0.2 克／平方米。

第十二节　螨病

一、概述

螨病（acariasis）又称疥癣，疥虫病、疥疮，俗称癞，是由疥螨科和痒螨科的虫体寄生于羊的皮内或皮表引起的一种慢性皮肤病。临诊上以剧痒，患部皮肤渗出、脱毛、老化、形成痂皮以及逐渐向外周蔓延为特征。我国 2008 年修订的《一、二、三类动物疫病病种名录》将绵羊疥癣列为三类动物疫病。

二、生活史

疥螨以皮肤深层细胞为营养（图3-15）。属于不完全变态，其发育过程有卵、幼虫、若虫和成虫四个阶段。雄螨有 1 个若虫期，雌蜱有 2 个若虫期。雌螨与雄螨交配后，雌螨在宿主表皮内挖掘隧道，以角质层组织和渗出的淋巴液为食，并在此发育和繁殖。隧道每隔一段距离，即有小孔与外界相通，以进入空气和幼虫出入的通道。雌虫一生可产卵 40 ~ 50 个，卵孵化出幼虫，幼虫蜕皮变为若虫，再蜕皮变为成虫。每

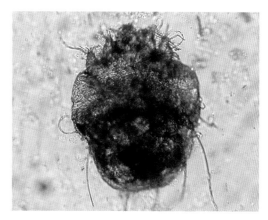

图 3-15　疥螨

个阶段发育期为 3 ~ 8 天，完成 1 代发育需 8 ~ 22 天，平均为 15 天。雌虫产卵期为 4 ~ 5 周，产完卵后的寿命为 4 ~ 5 周。

痒螨以患部渗出物和淋巴液为营养。发育过程与疥螨相似。雌螨采食 1 ~ 2 天后开始产卵，一生约产卵 40 个。条件适宜时，整个发育需 10 ~ 12 天，条件不利时可转入 5 ~ 6 个月的休眠期，以增加对外界的抵抗力。

三、流行特点

感染来源：羊、猪、牛、骆驼、马、犬、猫、兔等哺乳动物，尤以山羊和猪多发。

传播方式：通过动物直接接触或通过被污染的物品及工作人员间接接触传播。

发病诱因：动物舍潮湿，饲养密度过大，皮肤卫生状况不良时容易发病。尤其在秋末以后，毛长而密，阳光直射动物时间减少，皮温恒定，湿度增高，有利于螨的生长繁殖。夏季少发。

抵抗力：螨在宿主体上遇到不利条件时可进入休眠状态，休眠期长达 5 ~ 6 个月，此时对各种理化因素的抵抗力强。离开宿主后可生存 2 ~ 3 周，并保持侵袭力。

季节动态：秋冬季节，尤其是阴雨天气，蔓延最快，发病强烈。

四、主要症状与病理变化

疥螨多寄生于皮肤薄、被毛短而稀少的部位。山羊主要发生于口周围、眼圈、鼻梁和耳根部,可蔓延到全身。绵羊主要在头部,亦可扩大到全身。

疥螨直接刺激动物体,以及分泌有毒物质刺激神经末梢,使皮肤发生剧痒。当动物进入温暖圈舍或运动后皮温增高时,痒觉更加剧烈。动物擦痒或啃咬患处,使局部损伤、发炎、形成水泡和结节,局部皮肤增厚和脱毛。局部损伤感染后成为脓疱,水泡和脓疱破溃,流出渗出液和脓汁,干涸后形成黄色痂皮。病情继续发展,破坏毛囊和汗腺,表皮角质化,结缔组织增生,皮肤变厚,失去弹性,形成皱褶和龟裂。脱毛处不利于螨的生长发育,便逐渐向四周扩散,使病变不断扩大,甚至蔓延全身。动物表现烦躁不安,影响采食、休息和消化机能。冬季发生脱毛,体温放散,使脂肪大量消耗,逐渐消瘦,甚至衰竭死亡。潜伏期2~4周,病程可持续2~4个月。

痒螨寄生于动物体表被毛长而稠密处。症状与疥螨病相似,但患部渗出物多,脱毛更加明显。

绵羊多发生于背部、臀部,以后蔓延体侧至全身,严重时全身被毛脱光。可引起大批死亡。

五、诊断要点

根据流行病学、临诊症状和皮肤刮下物实验室检查即可诊断。注意与以下类症相鉴别。

虱和毛虱寄生时,皮肤病变不如疥螨病严重,眼观检查体表可发现虱或毛虱。

秃毛癣时为界限明显的圆形或椭圆形病灶,覆盖易剥落的浅灰色干痂,痒觉不明显,皮肤刮下物检查可有真菌。

湿疹无传染性,在温暖环境中痒觉不加剧。

过敏性皮炎无传染性,病变从丘疹开始,以后形成散在的小干痂和圆形秃毛斑。

六、防治措施

螨病的预防尤为重要,发病后再治疗,往往损失很大。定期进行动物体检查和灭螨,流行区的群养动物,无论是否发病,均要定期用药。圈舍保持干燥,光线充足,通风良好;动物群密度适宜;引进动物要进行严格检查,疑似动物应及早确诊并隔离治疗;被污染的圈舍及用具用杀螨剂处理;螨病羊毛妥善放置和处理,以防止病原扩散;防止通过饲养人员或用具间接传播。

治疗病羊可选用双甲脒（特敌克），每千克体重 500 毫克，涂擦、药浴或喷淋。

溴氰菊酯（倍特），每千克体重 500 毫克，喷淋或药浴。

二嗪哝（螨净），每千克体重 250 毫克，喷淋或药浴。巴胺磷，每千克体重 200 毫克，药浴。

辛硫磷，每千克体重 500 毫克，药浴。3% 敌百虫溶液患部涂擦。

伊维菌素或阿维菌素，每千克体重 0.2 毫克，皮下注射。

多数杀螨药对卵的作用较差，故应间隔 5～7 天重复用药。

>> 第四章
羊主要神经系统、运动障碍性疾病

第一节　梅迪－维斯纳病

梅迪和维斯纳是同一种病毒感染所引起的两种不同类型的疾病。维斯纳是一种进程缓慢的病毒致命性脑膜炎和脑脊髓炎，伴随运动障碍等症状，多见于 2 岁以上的绵羊。详见"第一章第一节梅迪－维斯纳病"。

第二节　羊痒病

一、概述

痒病（scrapie）是由痒病因子侵害绵羊和山羊中枢神经系统引起的神经退行性疾病，以剧痒、共济失调和高致死率为特征。世界动物卫生组织（OIE）将该病列入《OIE 疫病、感染及侵染名录》，我国 2008 年修订的《一、二、三类动物疫病病种名录》也将其列为一类动物疫病。

痒病因子是一种亚病毒，性能与其他朊病毒相似，但痒病因子对一般理化因素敏感。近年来的研究发现，痒病因子为病羊脑组织中的一种特异纤维，被命名为朊病毒蛋白质（prion protein, PrP），该物质具有感染性，可以抵抗核酸灭活剂的破坏和紫外线的照射，其感染性可以因一些酶如蛋白酶 K、胰酶、木瓜蛋白酶等的溶解而减弱，一些使蛋白变性的制剂也可以降低其传染性。55 毫摩 / 升的氢氧化钠、碘酊、5% 次氯酸钠、6 ~ 8 毫摩 / 升的尿素、90% 苯酚、1% 十二烷基磺酸钠对病原体有很强的灭活作用。

二、流行病学

不同品种、性别的羊均可发生痒病，主要是 2 ~ 5 岁绵羊，易感性存在着明显品种间差异。不同毒株的致病性不尽相同，引起的神经系统病变、空泡化程度与分布均不同。

通常呈散发性流行，感染羊群内只有少数羊发病，传播缓慢。羊群一旦感染痒病，很难根除。病羊和带毒羊是本病的传染源。目前认为主要是接触性传染，已经证明可以通过先天性传染，由公羊或母羊传给后代。

本病虽然发病率低（为 10% 左右），但病畜可能全部死亡。人可以因接触病羊或食用带感染痒病因子的肉品而感染本病。

三、临床症状

潜伏期 1 ~ 4 年。症状主要为瘙痒和共济失调。病程为 6 ~ 8 个月，甚至更长。

病初羊食欲良好，体温正常，易惊吓、不安或疑视、磨牙，有时表现癫痫状，病羊有些表现有攻击性或离群呆立，头高举、高抬腿行走，头、颈、腹发生震颤。最特殊的症状是瘙痒；病羊在硬物体上摩擦身体，并用后蹄挠痒（图 4-1）。用手抓其背部，表现摇尾和唇部颤动。由于不断地

图 4-1　患病羊被毛大量脱落，皮肤红肿发炎甚至破溃出血

摩擦、蹄挠和口咬，引起肋腹部及后躯发生脱毛，造成羊毛大量损失。有时还会出现大小便失禁。

随着瘙痒的加剧，进食和反刍受到破坏。随着神经症状的加重，行动逐渐不协调，当走动时，病羊四肢高抬，步伐很快，表现为共济失调。病羊日渐消瘦，最后不能站立，几乎 100% 死亡。

四、诊断

可参照国家标准 GB/T 22910—2008《痒病诊断技术》进行临床诊断和实验室诊断。

临床症状：显着特点是瘙痒、不安和运动失调，但体温不升高，结合是否由疫区引进种羊或父母有痒病史分析进行诊断。

组织病理检查和实验室检查：病理变化与其他朊病毒病相同，脑髓及脊髓神经元的细胞质发生变性和空泡化。实验室检查主要是测定病羊血清中的抗痒病因子蛋白抗体，常用 ELISA 和 Western 印迹法。也可以用酶标抗 PrP 抗体对患羊脑组织进行免疫组化法诊断。

鉴别诊断要特别注意与狂犬病、螨病、脑包虫病、李氏杆菌病和梅迪—维斯纳病相区别。

狂犬病：常为急性的性欲亢进。

羊螨病：用皮肤刮取物涂片，镜检可以发现虫体。

脑包虫病：常有头骨变薄、变软和皮肤隆起等现象，可用变态反应诊断。

李氏杆菌病：可以采血液或脾、肝、肾、脑脊髓液、脑的病变组织等做触片或涂片镜检，革兰氏阳性，呈"V"形排列或并列的细小杆菌。

梅迪—维斯纳病：脑组织没有海绵样变性，而是呈现弥漫性脑膜炎变化，具有明显的细胞浸润和血管套现象，弥漫性脱髓鞘。

五、防治措施

预防本病的主要措施是灭蜱，在蜱活动季节，定期对易感动物进行药浴或喷雾杀虫；对患病或隐性感染羊采取扑杀后焚化。在疫区可以用鸡胚化弱毒疫苗进行接种。禁止用病死羊加工蛋白质饲料，禁止用反刍动物蛋白饲喂牛、羊；加强对市场和屠宰场肉类的检验，检出的病羊肉必须销毁，不得食用。受感染羊只及其后代坚决扑杀；禁止从痒病疫区引进羊、羊肉、羊的精液和胚胎等。定期消毒：常用的消毒方法有焚烧、5% ~ 10% 氢氧化钠溶液作用 1 小时、5% 次氯酸钠溶液作用 2 小时、浸入 3% 十二烷基磺酸钠溶液煮沸 10 分钟。目前尚无治疗痒病的药物。

第三节　山羊关节炎-脑炎

一、概述

山羊关节炎—脑炎（Caprine arthritis-encephalitis, CAE）是由山羊关节炎—脑炎病毒（caprine arthritis encephalitis virus, CAEV）引起的山羊的一种慢性病毒性传染病。其主要特征是成年山羊呈缓慢发展的关节炎，间或伴有间质性肺炎和间质性乳房炎；2 ~ 6 月龄羔羊表现为上行性麻痹的神经症状。世界动物卫生组织（OIE）将本病列入《OIE 疫病、感染及侵染名录》，我国 2008 年修订的《一、二、三类动物疫病病种名录》也将其列为二类动物疫病。

二、流行病学

山羊是本病的主要易感动物。山羊品种不同其易感性也有区别，安格拉山羊的感性率明显低于奶山羊；萨能奶山羊的感染率明显高于中国地方山羊。试验感染家兔、豚鼠、地鼠、鸡胚均不发病。

该病呈地方流行性，发病山羊和隐性带毒者为传染源。主要的传播方式为羔羊通过吸吮含病毒的初乳和常乳而进行水平传播。感染性初乳和乳汁虽含有该病毒的抗体能被羔羊吸收，但抗体量不足以防止羔羊感染。其次，可通过感染羊的排泄物（如阴道分泌物、呼吸道分泌物、唾液和粪便等）经消化道感染。同样，饮水、饲料也能传播。

易感羊与感染的成年羊长期密切接触而传播。群内水平传播半数以上需相互接触12个月以上，一小部分2个月内也能发生。呼吸道感染未能证实。医疗器械（如注射器等）通过血液传播的可能性绝不能排除。

应激、寄生虫（线虫、球虫）侵袭等损害山羊免疫系统时，可诱使山羊感染本病并呈现临诊症状。

三、临床症状

山羊关节炎—脑炎病毒感染能引起多种临诊症状，因年龄大小而有明显差别。不满6月龄的山羊羔主要表现为脑脊髓炎型症状，成年山羊主要表现为关节炎型，可见间质性肺炎和间质性乳房炎，多数病例常为混合型。关节炎主要发生于腕关节，可能并发关节囊炎和滑膜炎。

依据临床表现分为三型：脑脊髓炎型、关节型和间质性肺炎型。多为独立发生，少数有所交叉。

脑脊髓炎型：潜伏期53～131天。主要发生于2～4月龄羔羊。有明显的季节性，80%以上的病例发生于3—8月，与晚冬和春季产羔有关。病初病羊精神沉郁、跛行，进而四肢强直或共济失调。一肢或数肢麻痹、横卧不起、四肢划动，有的病例眼球震颤、惊恐、角弓反张。少数病例兼有肺炎或关节炎症状。

关节炎型：发生于1岁以上的成年山羊，病程1～3年。典型症状是腕关节肿大和跛行。膝关节和跗关节也有罹患。病情逐渐加重或突然发生。透视检查，轻型病例关节周围软组织水肿；重症病例软组织坏死，纤维化或钙化，关节液呈黄色或粉红色。

肺炎型：较少见。无年龄限制，病程3～6个月。患羊进行性消瘦、咳嗽，呼吸困难，胸部叩诊有浊音，听诊有湿啰音。

四、病理变化

病变主要集中于中枢神经系统，四肢关节和肺、乳房、肾脏、甲状腺和淋巴结等部位，主要表现为一些炎症反应及由炎症反应引起的病变。主要病变见于中枢神经系统、四肢关节及肺脏，其次是乳腺。

中枢神经：主要发生于小脑和脊髓的灰质，在前庭核部位将小脑与延脑横断，可见一侧脑白质有一棕色区。

肺脏：轻度肿大，质地硬，呈灰色，表面散在灰白色小点，切面有大叶性或斑块状实变区。支气管淋巴结和纵隔淋巴结肿大，支气管空虚或充满浆液及黏液。

关节：关节周围软组织肿胀波动，皮下浆液渗出。关节囊肥厚，滑膜常与关节软骨黏连。关节腔扩张，充满黄色粉红色液体，其中悬浮纤维蛋白条索或血瘀块。滑膜表面光滑，或有结节状增生物。透过滑膜可见到组织中钙化斑。

乳腺：发生乳腺炎的病例，镜检见血管、乳导管周围及腺叶间有大量淋巴细胞、单核细胞和巨细胞渗出，继而出现大量浆细胞，间质常发生灶状坏死。

肾脏：少数病例肾表面有 1 ~ 2 毫米的灰白小点。镜检见广泛性的肾小球肾炎。

五、诊断

依据病史、病状和病理变化可对临床病例做出初步诊断，确诊需进行病原分离鉴定和血清学试验。目前广泛使用的血清学试验是琼脂扩散试验、酶联免疫吸附试验和免疫印迹试验。其中琼脂扩散试验可参照农业行业标准 NY/T 577—2002《山羊关节炎／脑炎琼脂凝胶免疫扩散试验方法》进行操作。

六、防治措施

本病目前尚无疫苗和有效治疗方法。防治本病主要以加强饲养管理和采取综合性防疫卫生措施为主。加强检疫，禁止从疫区（疫场）引进种羊；引进种羊前，应先作血清学检查，运回后隔离观察 1 年，其间再做两次血清学检查（间隔半年），均为阴性时才可混群。采取检疫、扑杀、隔离、消毒和培育健康羔羊群的方法对感染羊群实行净化。羊群严格分圈饲养，一般不予调群；羊圈除每天清扫外，每周还要消毒 1 次（包括饲管用具），羊奶一律消毒处理；怀孕母羊加强饲养管理，使胎儿发育良好，羔羊产后立刻与母羊分离，用消毒过的喂奶用具喂以消毒羊奶或消毒牛奶，至 2 月龄时开始进行血清学检查，阳性者一律淘汰。在全部羊只至少连续 2 次（间隔半年）呈血清学阴性时，方可认为该羊群已经净化。

第四节　伪狂犬病

一、概述

伪狂犬病（pseudorabies，PR；Aujeszky's disease，AD）是由伪狂犬病毒（pseudorabies virus，PRV）损害神经系统引起的急性传染病，以发热、奇痒、脑脊髓炎为主要特征，绵羊和山羊均可发生。世界动物卫生组织（OIE）将本病列入《OIE 疫病、感染及侵染名录》，我国 2008 年修订的《一、二、三类动物疫病病种名录》也将其列为二类动物疫病。

本病毒对外界环境抵抗力很强，夏季在舍内干草上能存活 30 天，冬季达 46 天，在土壤中可存活 3 个月。60℃经 30 分钟可灭活病毒，许多脂溶剂和消毒剂都能灭活病毒。

二、流行病学

此病一年四季都可发生，以春秋二季较为常见，在我国多发生于 3 — 7 月。呈散发性或地方性流行。病畜、带毒家畜以及带毒鼠类为本病的主要传染源，感染猪和带毒鼠类是伪狂犬病毒重要的天然宿主。羊或其他动物感染多与接触带毒猪、鼠有关。感染动物经鼻漏、唾液、乳汁、尿液等各种分泌、排泄物排出病毒，污染饲料、牧草、饮水、用具及环境。本病通过消化道、呼吸道途径感染，也可经皮肤、黏膜损伤以及交配传染，或者通过胎盘、哺乳直接传染。病毒在发病初期存在于血液、乳汁、尿液以及脏器中，而在疾病后期主要存在于中枢神经系统。

三、临床症状

在自然条件下，潜伏期平均为 2 ~ 15 天。病羊主要呈现中枢神经系统受损害的症状。体温升高到 41.5℃，呼吸加快，精神沉郁。唇部、眼睑及整个头部迅速出现剧痒，病畜常摩擦发痒部位。病羊运动失调，常作跳跃状或向前呆望。结膜有严重炎症，口腔排出泡沫状唾液（图 4-2），鼻腔流出浆液性黏性分泌物。病羊身体各部肌肉出现痉挛性收缩，迅速发展至咽喉麻痹及全身性衰弱。病程 2 ~ 3 天，死亡率很高。

四、病理变化

剖检时很少见到眼观变化，可见脑膜充血，伴有过量的脑脊髓液。皮肤擦伤处脱毛、

图 4-2　患病羊流出带泡沫的唾液及浆液性鼻液　　　图 4-3　患病羊痒部皮肤脱毛

水肿（图 4-3），其皮下组织有浆液性或浆性出血性浸润。病理组织学检查，中枢神经系统呈弥漫非化脓性脑膜脑脊髓炎及神经节炎。病变部位有明显的周围血管套以及弥漫的灶性胶质增生，同时伴有广泛的神经节细胞及胶质细胞坏死。神经细胞核内可见到类似尼氏小体的包涵体。

五、诊断

伪狂犬病的诊断方法可参照国家标准 GB/T 18641—2002《伪狂犬病诊断技术》进行诊断。一般情况下，此病诊断不需要做实验室检查，可根据临床症状及流行病学资料判定。该病确诊还可进行病原学与血清学诊断，特别是在新发病地区需通过上述两种方法进行确诊。血清学方法包括血清中和试验、琼脂扩散试验、补体结合试验、荧光抗体试验及酶联免疫测定等，其中血清中和试验最灵敏，假阳性少。

伪狂犬病常需要与狂犬病、李氏杆菌病作鉴别诊断。

与狂犬病的鉴别诊断：狂犬病患畜一般有被患病动物咬伤的病史，病畜兴奋时多有攻击性行为。病料悬液皮下接种家兔，通常不易感染。脑内接种，发病后无皮肤瘙痒症状。

与李氏杆菌病的鉴别诊断：羊感染李氏杆菌后，一般无皮肤瘙痒症状。血液涂片染色镜检，可见单核细胞增多。病料观察，可发现革兰氏阳性的李氏杆菌。病料悬液接种家兔，不出现特殊的瘙痒症状。伪狂犬病特征性的症状是在身体的某些部位发生奇痒。无菌采取脑组织、扁桃体、淋巴结等病料，接种于家兔后，24～48 小时在注射部位出现奇痒，最终死亡，即可确诊为本病。

六、防治措施

病愈羊血清中含有抗体，能获得长时期的免疫力。狂犬病与伪狂犬病无交叉免疫。在发病羊场，可使用伪狂犬病疫苗，作两次肌内注射，间隔 6 ~ 8 天，注射部位为大腿内侧或颈部（第一次左侧，第二次改为右侧）。接种量：1 ~ 6 月龄的羊只，第一次接种 2 毫升，第二次 3 毫升；6 月龄以上的羊只，第一次和第二次均接种 5 毫升。

羊群中发现伪狂犬病后，应立即隔离病羊，停止放牧，严格的进行圈舍消毒。与病羊同群或同圈的其他羊只应注射免疫血清。当出现新病例时，经 14 天后，再注射一次免疫血清。如果没有出现新病例，应对所有羊只进行疫苗接种。进行灭鼠，避免与猪接触，防止散播病毒。伪狂犬病病毒在 pH 值为 5 ~ 7 稳定，在甘油盐溶液或脱脂乳中于冰冻条件下可保持其传染性，在含有 1% 血清白蛋白、pH 值为 7.5 的 Tris 缓冲液中，于 −70℃能更好地保存。此病毒能被 X 射线和紫外线灭活，对脂溶剂（乙醚、氯仿等）非常敏感，对胰蛋白酶、5% 石炭酸、氢氧化钠敏感，0.5% 石灰乳、2% 福尔马林可很快使病毒灭活。

本病无有效的治疗办法。用伪狂犬病免疫血清或病愈家畜的血清可获得良好效果，但必须在潜伏期或前驱期使用。应用硫酸镁、水合氯醛、酒精以及青霉素和磺胺噻唑钠等都无疗效。

第五节　破伤风

一、概述

破伤风（tetanus）又称强直症，是由破伤风梭菌（Clostridium tetani）经伤口感染引起的一种急性中毒性人畜共患病。本病特征是骨骼肌持续性痉挛和神经反射兴奋性增高。

二、流行病学

本病广泛分布于世界各地，呈散在性发生。各种家畜均有易感性，其中以单蹄兽最易感，猪、羊、牛次之，人的易感性也很高。

破伤风梭菌芽孢广泛存在于马、牛、猪等动物的肠道内，随粪便排出污染环境，人畜感染主要来源是粪便和土壤，但本病的发生必需通过创伤感染，常见于各种创伤，如断脐、去势、手术、断尾、产后感染等。破伤风梭菌遍布于自然界，在动物体内外均可形成抵抗力强大的芽孢，在表层土壤中存活多年，阴暗处可存活10年，煮沸1～3小时才能杀死。10%漂白粉、10%碘酊需10分钟才能将其杀死。

三、临床症状

潜伏期1～2周。初期表现头颈部肌肉强直痉挛，采食、拒绝和吞咽缓慢。随病情发展，出现全身性强直痉挛症状。严重者牙关紧闭，无法采食和饮水，由于咽肌痉挛致使吞咽困难，唾液积于口腔而流涎。头颈伸直，两耳竖立，鼻孔张开，四肢腰背僵硬，腹部蜷缩，尾根高举，行走困难，呈现高跷样步态，易于跌倒。常发生角弓反张和中等程度瘤胃臌气。母羊发生于产死胎和胎盘停滞之后，被称之为产后强直症。羔羊常常起因于脐带感染，羔羊病初表现虚弱、行动迟缓或不愿走动，以后步态僵硬或不能行走，将头向侧后方弯曲，背向下弯曲，常常出现腹泻。最后多因窒息而死。羔羊的病死率极高，几乎可达100%。

四、病理变化

剖检不见特殊变化，通常多见窒息死亡的病变——血液凝固不全，呈暗红色，黏膜及浆膜上有小出血点，肺脏充血及高度水肿。此外还常见脊髓及脊髓膜充血，灰质中有点状出血。感染部位的外周神经有小出血点及浆液性浸润。心肌呈脂肪变性，四肢及躯干的肌间结缔组织呈浆液性浸润并伴有小出血点。

五、诊断

根据本病的特殊临诊症状，如神志清楚，反射兴奋性增高，骨骼肌强直性痉挛，体温正常，并有创伤史，即可确诊。

鉴别诊断注意与以下疾病相区别。

狂犬病：有反射兴奋性增高和吞咽困难，可能与破伤风混淆，但狂犬病缺乏牙关紧闭和两耳竖立的症状。

急性肌肉风湿症：无创伤病史，体温升高1℃以上，患部肌肉肿胀，有疼痛感，缺乏兴奋性，牙关不紧闭，两耳不竖立，尾巴不高举，水杨酸制剂治疗有效。

脑炎：虽有兴奋性，牙关紧闭，腰发硬及角弓反张，局部肌肉痉挛等症状；但无创伤病史，各种反射机能都减退或消失，视力减退或消失，意识丧失或昏迷不醒，并有麻痹症状。对外界刺激不出现远部肌肉的强直痉挛。

马钱子中毒：有牙关紧闭，角弓反张，肌肉痉挛等症状；但有中毒史，反射兴奋性不高，肌肉痉挛发生较急，呈间歇性发作，治疗缓解能迅速开口或者死亡较快等。

六、防治措施

在常发地区对易感家畜定期接种破伤风类毒素。成年羊1毫升，幼畜0.5毫升，注射后3周产生免疫力，免疫期1年，第二年再注射一次，免疫期增加到4年。

发生创伤或术后，尤其是羊去势后应及立即时注射破伤风抗毒素1万～3万国际单位。创伤处理要严格无菌操作，要注意充分扩创。平时要注意饲养管理和环境卫生，防止家畜受伤。本病治疗原则是：消除病原、中和毒素、镇静解痉及加强护理。

初期病势凶猛，中和毒素为主要治疗手段，同时注意消除病原，应用解痉药物堵断毒素和神经肌肉结合；中期相对稳定，镇静解痉，强心补液，维护心脏机能，防止并发症；经10天左右的治疗转入疾病恢复阶段，应加强护理，缓解局部肌肉痉挛，调整胃肠机能等对症治疗措施。

中和毒素：静脉注射破伤风抗毒素成年羊：20万～40万单位，可一次注射，也可分3天注射。破伤风抗毒素可在体内保持2周左右。同时应用40%乌洛托品，成年羊25毫升，静脉注射，每天一次，连用7～10天。过长应用会导致尿道出血。

镇静解痉：镇静常用氯丙嗪成年羊150～200毫克，上、下午各注射一次。解痉常用25%硫酸镁成羊25毫升，静脉注射或肌内注射；牙关紧闭时用1%普鲁卡因在开关、锁口穴注射，每穴注射5毫升，每天一次直至开口；腰背强直者镇静解痉或25%硫酸镁在脊柱两侧各选5个点作点状注射，每点注射5毫升直至痊愈。

消除病原：彻底清创，除去创伤内的脓汁异物、坏死组织以及痂皮，创伤口深而小的进行扩创，用3%过氧化氢或2%高锰酸钾溶液洗涤，再用5%～10%碘酊涂擦，最后撒布碘仿磺胺粉。

对症治疗：主要有抗菌消炎、强心补液、补糖、补碱、调肠健胃。

加强护理：病羊放入光线暗的畜舍，避免声响，保持安静，对不能采食的可用胃管投入流食。

第六节　李氏杆菌病

一、概述

李氏杆菌病（Listeriosis），又名旋转病，是由单核细胞增多性李氏杆菌（Listeria monocytogenes）引起的一种人畜共患散发性传染病。本病在绵羊和山羊均可发生，以羔羊及孕羊的敏感性最高。典型症状为脑炎，有时可以引起成年母羊大批流产。1926年，Murry等首次在实验室家兔的菌落中发现，以后陆续在新西兰、英、美、澳、苏、日的绵羊中被发现。我国2008年修订的《一、二、三类动物疫病病种名录》将该病列为三类动物疫病。

二、流行病学

病羊及带菌者为最危险的传染来源。该病的带菌者不仅见于耐过的羊，而且能见于未曾患病的健羊。老鼠还可能是本病的疫源。维生素A与B族维生素的缺乏，是绵羊和山羊患本病的极其重要的诱因。自然感染途径是消化道、呼吸道、眼结膜及受损的头部皮肤，也可能是通过蜱、蚤、蝇类传播。此外，饲喂污染本菌的青贮饲料引发李氏杆菌病的实例曾有不少报道。

三、临床症状

此病与狂犬病、肠中毒、妊娠病、乳热病及旋回病不同，与其他原因引起的脑炎也不一样。病初体温升高、食欲消失、精神沉郁、眼睛发炎、视力减退、眼球常突出。接着出现神经症状，病羊动作奇异，步态蹒跚，或来回兜圈子。有时头颈偏于一侧，走动时向一侧转圈，不能强迫改变。在行走中遇有障碍物，则以头抵靠而不动。颈项肌内发生痉挛性收缩时，则颈项强硬，头颈上弯，呈角弓反张。病的后期，病羊倒地不起，神态昏迷，四肢爬动作游泳状。一般2～3天死亡。死亡率有时高至10%。初期染病者很难耐过，后期发生者尚有复原希望。

在引起流行性流产的情况下，绵羊表现产前3周左右发生流产，流产前并无任何症状。全部流产羊只的胎衣都滞留2～3天，其后不经任何处理即自动排出。少数羊表现衰弱，但没有阴道排出物或子宫炎的症状，全部流产羊都能安全度过而最后痊愈。胎羊已发育完全，但体格很小，于产出时全部死亡。在胎膜与胎体上都没有眼可观病理变化。

四、病理变化

主要变化局限于中枢神经系统（图4-4），其他器官和组织无显著的形态学变化。病羊的脑膜及脑组织发炎，炎症常具有化脓性质。遇到败血症经过时（主要是幼羊），在淋巴结及实质器官中可以见到病变（图4-5）。支气管淋巴结、肝门淋巴结及肠系膜淋巴结增大、水肿而湿润，切面上有小点出血。肺充血、水肿。有时具有卡他性支气管炎。心、肝、肾发生变性，并有多数出血。有时可见有瓣膜性心内膜炎，在肝、脾及深层肌内常可见到化脓性坏死灶。

 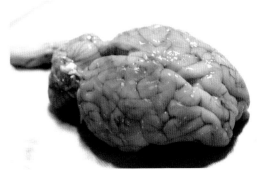

图 4-4　脊髓出血性炎　　　　　图 4-5　患病羊脑膜炎者剖检可见脑膜和脑实质
　　　　　　　　　　　　　　　　　　　　炎性水肿

五、诊断

特别要注意的是，本病只能使一部分羊发病。血液检查时，可见单核细胞及嗜中性白细胞增多，淋巴细胞减少。最后确诊，要根据临床症状、流行特点、病理剖检结果及实验室检查等进行全面分析。

在引起流产的情况下，用吸管吸取胎儿的胃液与血液，可以分离出纯度高的病原体。

六、防治措施

目前，尚无满意的疫苗，主要应注意饲养管理和清洁卫生，提高羊的抵抗力。尤其在冬季舍饲期间，应供给富含蛋白质、维生素及矿物质的饲料；经常供给青绿饲草和优质青贮料。夏秋季节应注意消灭蜱、蚤、蝇等外寄生虫。在用青贮料作绵羊饲料时，应注意不要用鼹鼠丘田野上的青草作青贮；在堆放时避免土壤污染；用添加剂降低青贮的 pH 值；不要饲喂明显发霉的青贮料；如果 pH 值超过 5，或干物质的灰分超过 70 毫克 / 千克时，不要饲喂绵羊。平时应大力灭鼠，消灭疫源。因为本病的地方性暴发与啮齿动物的数量有密切关系。

羊群中一旦发生本病，应采取以下扑灭措施，并预防继续发病。

（1）及时发现和隔离病羊与疑似病羊。对病羊圈棚应用 5% 克辽林、3% 来苏儿、5% 漂白粉、2.5% ~ 3% 石炭酸或 2% ~ 2.5% 苛性钠进行彻底消毒。

（2）对于受威胁的羊群，采取预防性治疗，制止病的流行：可给饲料或饮水中加入土霉素，剂量为 20 ~ 30 毫克 / 千克体重，每天 1 ~ 2 次，持续 5 ~ 7 天，可使发病率显著下降。可对全部羊只用 20% 磺胺噻唑钠肌内注射，成羊每次 10 毫升，每日 1 ~ 2 次，连用 3 天，还可用 0.1% 高锰酸钾溶液作胃肠消毒，经 20 余天，可控制羊只感染。

（3）护理病羊或与病羊接触的人，应特别注意，防止受到传染。尤其不可吃未经充分煮熟的病羊肉。

治疗可采用以下方法。

使用青霉素进行治疗，若疗效不佳，可选用对该菌敏感的氨苄青霉毒、链霉素、土霉素、金霉素、红霉素。土霉素的用量为 25 ~ 30 毫克 / 千克体重，每天 2 次，肌内注射。持续应用到病羊痊愈。为了防止复发，最好继续给药数天。应用磺胺类药物时，若将磺胺嘧啶及咖啡因同时应用，效果良好。

在应用以上治疗的同时，还应进行对症疗法，例如给予强心剂、镇静剂等。

第七节　坏死杆菌病

坏死杆菌病是由坏死梭杆菌引起的畜禽共患的一种慢性传染病。常侵害蹄部，引起腐蹄病。初呈跛行，多为一肢患病，蹄间隙、蹄和蹄冠开始红肿、热痛，而后溃烂，挤压肿烂部有发臭的脓样液体流出。详见第三章第六节"坏死杆菌病"。

第八节　羊衣原体病

一、概述

衣原体病（chlamydiosis）是由衣原体（chlamydia）引起的多种畜、禽和人共患的传染病总称，有多种临床表现。流产衣原体（chlamydia abortus）是羊地方性流产（ovine enzootic abortion，OEA）的病原，可导致羊的流产、死胎。由流产衣原体引起的羊衣原体病，幼羊多表现为多发性关节炎和滤泡性结膜炎，而妊娠母羊则可发生流产、死产和产弱羔。世界动物卫生组织（OIE）将由流产衣原体引起的羊地方性流产列入《OIE 疫病、感染及侵染名录》，我国 2008 年修订的《一、二、三类动物疫病病种名录》也将该病列为三类动物疫病。

二、流行病学

本病多呈隐性潜在性经过。流产衣原体主要寄生于羊、牛、猪等动物生殖道黏膜表面的上皮细胞内，导致生殖道黏膜损伤，造成母畜流产、产弱胎、死胎等，还能导致公畜尿道炎、睾丸炎、包皮炎等。许多野生动物和禽类是本菌的自然储存宿主。患病和带菌动物是主要传染源，常经消化道、呼吸道、损伤的皮肤和黏膜感染，交配、人工授精、蜱、螨等昆虫叮咬也可传播本病。羔羊关节炎和结膜炎常见于夏、秋两季，多呈流行性，妊娠母羊的流产则呈地方性流行，故称地方流行性流产。

三、临床症状及病理变化

绵羊和山羊感染本病有不同的临床表现，可见以下 3 种病型。

流产型：呈地方性流行。流产常发生在妊娠的最后 1 个月，病羊表现流产、死产和产弱羔，如继发感染子宫内膜炎，可导致死亡。流产羊胎膜水肿，子叶出血、坏死，呈黑红色或土黄色。流产胎儿呈败血性变化，皮下水肿，皮肤、黏膜有出血点，肝脏表面可见针尖大小的灰白色病灶。镜检见胎儿肝、肺、肾、心肌和骨骼肌血管周围常有网状内皮细胞增生。

关节炎型：多呈流行性，常见于夏、秋季。主要发生于羔羊，表现为多发性关节炎。病羊四肢关节尤其是腕关节和跗关节肿胀、疼痛，一肢或几肢跛行，弓背站立，重者卧地不起，发育受阻。几乎患关节炎的羔羊都伴有滤泡性结膜炎，但有结膜炎者不一定伴有关节炎。病变关节囊扩张、积液，滑膜有纤维素附着。数周后关节滑膜层因增生而变粗糙。

结膜炎型：也呈流行性，常见于夏、秋季。多见于绵羊，尤其是羔羊。病羊单眼或双眼结膜充血、水肿，大量流泪，角膜有不同程度的混浊，严重时出现血管翳、糜烂、溃疡或穿孔。数天后，在瞬膜和眼睑结膜上可见直径 1～10 毫米大小的淋巴滤泡。部分羊伴有关节炎。镜检可见淋巴滤泡增生。

四、诊断

根据流行特点、主要症状和病理变化可作出初步诊断，确诊需进一步做病原分离鉴定和血清学检查。病原鸡胚接种培养，可致鸡胚病变。具体可参照农业行业标准 NY/T 562－2015《动物衣原体病诊断技术》进行诊断。

本病分为 3 种类型，各型症状各不相同，诊断时应注意不同型的鉴别，因为这些症状可见于许多疾病，如流产可见于布鲁氏菌病、弯曲菌病、沙门氏菌病等。

五、防治措施

控制、消灭带菌动物，及时隔离流产羊及其所产弱羔，销毁流产胎盘和产出的死羔，污染的用具、羊舍和场地等用 2% 氢氧化钠溶液、3% ～ 5% 来苏儿溶液等进行彻底消毒。流行地区用羊流产衣原体灭活苗进行免疫接种。

治疗可使用抗生素或磺胺类药物，对发生结膜炎的病羊，可用土霉素软膏点眼。10% 氟苯尼考 0.2 ～ 0.5 毫克／千克体重，肌内注射，每日 1 ～ 2 次，连用 1 周。青霉素每只羊 80 万～ 160 万单位，肌内注射，每日 2 次，连用 3 天。

第九节　脑包虫病

一、概述

脑包虫病其学名为脑多头蚴病（Cerebral coenurosis），是多头绦虫的幼虫，即多头蚴（Coenurus cerebralis）寄生在羊脑或脊髓的一种以神经症状为主的寄生虫病。这种病分布很广，多见于 2 岁以内的绵羊和山羊。本病危害较大，如不及时治疗，会引起死亡。

二、流行病学

羊脑包虫病一年四季均可发生，但多发于春季。脑包虫——多头蚴呈囊泡状，囊内充满透明的液体。外层为角质膜，囊的内膜（生发膜）上生出许多头节（约 100 ～ 250 个），囊泡由豌豆大到鸡蛋大。犬类是最终畜主，狗吞食了含有多头蚴的牛、羊的脑及被多头蚴污染的食物后，这些幼虫发育为多头成虫寄生于狗小肠内，可以生存数年之久。多头虫具有强大的繁殖力，一昼夜可产卵 25 万～ 68 万个，对环境有极大的危害。虫体抵抗力很强，在土壤中可存活 3 ~ 5 年，在 –10 ~ 16℃ 生存 140 天，在 37 ~ 39℃ 能存活一年，耐高温，70℃ 才能被杀死。

　　羊吃到被多头绦虫卵污染的饲草，虫卵随着血液移行脑及脊髓，经 2 ~ 3 个月发育成多头蚴而引起发病。多头蚴的成虫是一种多头绦虫，它寄生在狗、狐狸、狼的小肠中，长为 40 ~ 80 厘米。含有成熟虫卵的后部节片不断成熟与脱落，并随着粪便排出体外，羊吃了被虫卵污染的草料，进入羊消化道的虫卵，卵膜被溶解，六钩蚴逸出，并钻入肠黏膜的毛细血管内，随血流被带到脑内继续发育成囊泡状的多头蚴。

三、临床症状

　　羊脑包虫病的主要表现为食欲下降，反应迟钝，长时间沉郁不动，遇障碍物时则奋力前冲抵物不动，两眼视力模糊，其眼内瞳孔上附有一层白膜。

　　因寄生部位不同，引起的症状不同：若虫体寄生于脑部（图 4-6）的某侧则患羊将头抵患侧，并向患侧做圆圈运动，对侧的眼常失明；若虫体寄生在脑的前部（额叶）则患羊头部抵于胸前，向前作直线运动，行走时高抬前肢或向前方猛冲，遇到障碍物时倒地或静立不动；虫体寄生在小脑则患羊易惊恐，行走时出现急促或蹒跚步态，严重时衰竭卧地、视觉障碍、磨牙、流涎、痉挛，后期高度消瘦。寄生在小脑手术极难；若虫体寄在脑表面则有转圈、共济失调、神经性症状（图 4-7），触诊时容易发现，压迫患部有疼痛感或颅骨萎缩甚至穿孔；若位于脑后部则患羊表现角弓反张，行走后退，卧地不起，全身痉挛，四肢呈游泳状（图 4-8）。

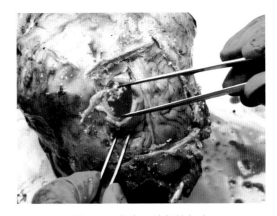

图 4-6　寄生于脑部的包虫

四、诊断

　　羊感染此病后，在一定时期出现无目地的转圈运动，转圈方向与寄生部位大多数是相同的。根据临床经验，一般转小圈寄生在浅层，转大圈在深层，低头在前，仰头在后，平头寄生在中部。后期寄生部位皮肤稍隆起，用手触摸骨质萎缩变薄甚至穿孔，指压感到骨质变软，患羊疼痛不安，轻叩患区有浊音。

图 4-7　病羊神经症状

图 4-8　病羊四肢游泳状

五、防治措施

1. 预防

第一，加强饲养管理，羊圈舍的周围尽可能减少犬的饲养，不给羊饲喂犬类污染过的饲料，更不能与犬同食。第二，狗要拴系饲养，不能放开或混入羊群，平时对狗粪便集中进行生物热发酵处理。第三，不要让狗吃患有脑包虫的羊脑、脏器，定期给狗驱虫。第四，牧羊犬应该做到每年春秋定期用氢溴酸槟榔碱每千克体重 2 ~ 3 毫克的剂量口服驱虫。第五，死于该病的羊头和手术摘除的虫体要深埋或烧毁，防止犬食。第六，每年的 2 月、7 月下旬和 12 月下旬用吡喹酮每千克体重 70 ~ 80 毫克的剂量对羊进行预防性驱虫。

2. 治疗

该病最有效的治疗方法是进行手术治疗。寄生头部前脑表面的虫体可施行手术摘除。首先将羊横卧保定，术部剪毛、消毒，先用 2% 碘酒消毒，再用 75% 酒精脱碘，分点注射盐酸普鲁卡因。麻醉 2 ~ 3 分钟后，在骨质变软的部位作 U 字形或十字切口，切透皮肤及皮下组织，不切破骨膜，分离皮瓣将它翻过用线加以固定，切口长宽均为 2 厘米，注意切口应在低处以便止血。露出颅骨，先用骨钻将头骨钻一小孔以作支撑，用圆锯在骨质上开一小孔，用力均匀，使脑膜暴露，不损伤骨膜。确定包囊位置后，用注射针头避开血管刺入脑膜，发现有液体向外流出，然后连接注射器后抽动活塞，尽量吸取囊泡，直至吸尽后慢慢小心拉出包囊。包囊取出后，用止血纱布压迫手术部位，滴入少量青霉素，把骨膜拉平，遮盖圆锯孔。结节缝合皮肤，涂擦磺胺软膏，最后用

碘酒消毒。手术后由专人保护羊的头部，以免发生振动。

第十节　泰勒虫病

羊泰勒虫病是由泰勒科泰勒属的原虫寄生于羊的巨噬细胞、淋巴细胞和红细胞内引起的疾病。临诊特征为高热稽留、贫血、出血、消瘦和体表淋巴结肿大。羔羊普遍表现肢体僵硬；有时前肢提举困难，有时后肢举步不易；有时四肢发软，卧下不起，如勉强扶之起立，亦站立不稳。详见"第二章第十三节泰勒虫病"。

>> 第五章
羊主要生殖系统疾病

第一节　布鲁氏菌病

一、概述

布鲁氏菌病（Brucellosis）是由布鲁氏菌（Brucella）引起的人畜共患的一种慢性传染病，主要侵害生殖系统。羊感染后，以母羊发生流产和公羊发生睾丸炎为特征。该病分布很广，不仅感染各种家畜，而且易传染给人。世界动物卫生组织（OIE）将该病列入《OIE 疫病、感染及侵染名录》，我国 2008 年修订的《一、二、三类动物疫病病种名录》也将其列为二类动物疫病。

布鲁氏菌具有较高的环境抵抗能力，在污染的土壤、水、粪尿、及动物皮毛上可生存数天至数月。对热敏感，70℃ 10 分钟即可死亡；对紫外线敏感，阳光直射 0.5 ~ 4 小时死亡；在腐败病料中迅速失去活力；布鲁氏菌在 0.1% 新洁尔灭溶液中 30 秒即可被灭活，常用消毒药如 1% 来苏儿、2% 福尔马林、1% 生石灰乳 15 分钟将其杀死。

本病特征为胎膜发炎、孕后期流产、不育、睾丸炎、腱鞘炎和关节炎，多呈慢性经过。

二、流行病学

本病常呈地方流行，发病无季节性，但以春夏季发病概率较高。新疫区常表现大量母羊流产，老疫区流产比例较少。病菌存在于流产胎儿、胎衣、羊水、流产母羊阴道分泌物及公羊的精液中。母羊较公羊易感性高，性成熟后对本病极为易感。消化道是主要感染途径，也可经配种感染。羊群一旦感染此病，首先表现孕羊流产，开始仅为少数，以后逐渐增多，严重时可达半数以上，多数病羊流产 1 次。

病畜和带菌者是主要的传染源。该菌存在于流产胎儿、胎衣、羊水、流产母畜的阴道分泌物、乳汁、公畜的精液内，在一定时期内粪、尿也可排菌。本病主要经消化道感染，也可经皮肤、黏膜、交配和吸血昆虫传播。实验证明布氏杆菌在蜱体内存活时间很长，可通过叮咬传播此病。

三、临床症状

主要症状是流产，多发生妊娠后 3 ~ 4 个月，流产前症状一般不明显；部分羊流产前 2 ~ 3 天食欲减退，沉郁，口渴，体温升高，阴道流出黄色黏液（图 5-1）。还可

图 5-1　患病羊阴门流出黄色黏液

图 5-2　患病羊关节肿大

能出现乳房炎、关节炎、滑膜炎及支气管炎（图 5-2）。病公羊常见睾丸炎、附睾炎及多发性关节炎（图 5-3）。绵羊布鲁氏菌可引起绵羊附睾炎和不育。

四、病理变化

主要病变为胎衣水肿增厚，呈胶样浸润，表面有纤维素或脓汁覆盖。胎儿第四胃内有淡黄色或白色黏液絮状物，胃肠和

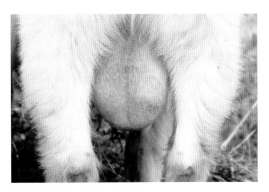

图 5-3　患病羊睾丸发炎、肿胀

膀胱浆膜下见有点状出血。胎儿淋巴结、脾和肝有不同程度的肿胀，有的散布有炎性坏死灶。子宫内膜可见有结节性肉芽肿，一般在流产后 5 ~ 6 天开始出现，结节中心常出现坏死灶。睾丸显著肿大，其被膜与外浆膜层粘连，切面可见到坏死灶或化脓灶。阴茎可以出现红肿，其黏膜上有时可见到小而硬的结节。

五、诊断

具体诊断方法可参照国家标准 GB/T 18646—2018《动物布鲁氏菌病诊断技术》或 SN/T 2436—2010《山羊和绵羊布鲁氏菌病检疫规程》进行。

根据流产及流产后的子宫、胎儿和胎膜病变，公畜睾丸炎及附睾炎，同群家畜发生关节炎及腱鞘炎，可怀疑为本病。本病可通过细菌学、血清学、变态反应等实验室手段确诊。

病原检查可采取绒毛叶渗出液、胎儿的胃内容物、阴道分泌物及脓肿中的脓汁以及培养物等制成抹片，以革兰氏染色法及鉴别染色法进行染色镜检。

血清凝集试验是牛羊布病检疫的标准方法。常用方法有虎红平板凝集试验、试管凝集试验和补体结合试验。该类方法在布病的诊断中广泛被应用，但是凝集试验不能检出所有患病动物。

应注意与绵羊地方性流产（衣原体）、弓形虫病、弯杆菌病、沙门氏菌性流产等区别。

六、防治措施

未感染畜群：定期检疫，至少每年检疫一次，一经发现，即应淘汰。防止本病传入的最好办法是自繁自养，必须引进种畜或补充畜群时，需经过隔离饲养2个月，并进行2次检疫均为阴性，方可混群。还应注意做好养殖场的平时消毒工作。

发病畜群：要贯彻以畜间免疫、检疫、淘汰病畜和培育健康畜群为主导的综合性预防措施。只有控制和消灭畜间布鲁氏菌病，才能防止人间本病的发生，最终达到控制和消灭本病。

主要措施如下。

（1）定期检疫。疫区内各种家畜均为被检对象，羊在5月龄以上检疫为宜。每年至少检疫2次，凡在疫区内接种过菌苗的动物应在免疫后12～36个月时检疫。

（2）隔离和淘汰病畜。隔离可采取集中圈养或固定草场放牧的方式。

（3）严格消毒。对污染的圈舍、运动场、饲槽等用5%克辽林、5%来苏儿、10%～20%石灰乳或2%氢氧化钠等消毒；乳汁煮沸消毒；粪便发酵处理。

（4）定期预防注射。我国主要使用布鲁氏菌猪2号弱毒菌苗（简称S2苗）和马耳他布鲁氏菌5号弱毒菌苗（简称M5苗）。S2苗适应于牛、山羊、绵羊和猪，断乳后任何年龄的动物，不管怀孕与否均可应用。气雾、肌内注射、皮下、口服均可，最适宜口服，免疫期牛2年、羊3年。M5苗适应于山羊、绵羊、牛和鹿，对猪无效。气雾、肌内注射、皮下、口服均可，免疫期2～3年，特别适应于羊的气雾免疫，在配种前1～2个月免疫，2年后可再免疫1次。使用上述菌苗时，均应做好工作人员的自身防护。

（5）对流产后子宫内膜炎病畜，可用0.1%高锰酸钾冲洗子宫和阴道，每日1～2次，经2～3天后隔日1次，直至阴道无分泌物流出为止。全身可用抗生素或磺胺类药物。中药益母散对母牛效果良好，益母草30克、黄芩18克、川芎15克、当归15克、熟地15克、白术15克、双花15克、连翘15克、白芍15克，共研细末，开水冲，候温服。

第二节　李氏杆菌病

李氏杆菌病，又名旋转病，是由单核细胞增多性李氏杆菌引起的一种人畜共患散发性传染病。本病在绵羊和山羊均可发生，以羔羊及孕羊的敏感性最高。典型症状为脑炎，有时可以引起成年母羊大批流产。详见"第四章第六节李氏杆菌病"。

第三节　羊沙门氏菌病

沙门氏菌病是由沙门氏菌属中少数几个成员引起的人畜共患传染病，在临床上多以表现为败血症和肠炎为特征，也可以引起母畜流产。羊沙门氏菌病主要是由鼠伤寒沙氏门菌、羊流产沙门氏菌、都柏林沙门氏菌引起，以羊发生下痢，孕羊流产为特征。详见"第二章第四节羊沙门氏菌病"。

第四节　羊弯曲菌病

一、概述

羊弯曲菌病原名羊弧菌病，由弯曲菌属中的胎儿弯曲菌（campylobacter fetus）诸亚种引起，主要导致羊的暂时性不育和流产。弯曲菌病（campylobacteriosis）是由弯曲菌属（Campylobacter）细菌引起的人和动物不同疾病的总称。胎儿弯曲杆菌可引起牛、羊不育与流产；空肠弯曲杆菌可引起人、马、牛的急性肠炎。

二、流行病学

胎儿弯曲杆菌对人和动物均有感染性，绵羊感染可引起流产，病菌主要存在于流产胎儿以及胎儿胃内容物中。空肠弯曲杆菌可引起人和动物的腹泻，也可引起绵羊的流产，病菌主要存在于流产绵羊的胎盘、胎儿胃内容物以及血液和粪便中。正常动物

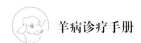

的肠道中也有空肠弯曲杆菌存在。患病羊和带菌动物是传染源，主要经消化道感染。绵羊流产常呈地方性流行，在一个地区或一个羊场流行 1 ~ 2 年或更长一些时间后，可停息 1 ~ 2 年，然后又重新发生流行。

三、临床症状

感染母羊发生阴道卡他性炎症，胎儿弯曲杆菌常引起牛、羊的不育与流产。黏液分泌增多，黏膜潮红。妊娠期母羊因发生子宫内膜炎和阴道炎而致胚胎早期死亡被吸收或早期流产而不育。病羊发情周期不明显，大多数母羊在感染 6 个月后才可再次受孕。感染母羊多无先兆症状，常在妊娠以后 3 个月内发生流产。大多数母羊流产后可迅速恢复，又可正常怀孕。个别羊因子宫炎和腹膜炎而死亡。

四、病理变化

流产胎儿皮下水肿，肝脏有坏死灶。病死羊可见子宫炎、腹膜炎和子宫积脓。

五、诊断

根据临床症状和病理变化可初步诊断，确诊需实验室诊断。取新鲜胎衣子叶和流产胎儿胃内容物做涂片，染色镜检，可见革兰氏阴性的胎儿弯杆菌。也可将病料接种于鲜血琼脂（每毫升含杆菌肽 2 单位、新生霉素 2 微克、制霉菌素 300 单位），置于 5% 氧、10% 二氧化碳和 85% 氮环境下（也可用烛缸法），37℃培养，进行病原分离鉴定，以便确诊。具体病原分离鉴定的方法可参照国家标准 GB/T 18653－2002《胎儿弯曲杆菌的分离鉴定方法》进行。

六、防治措施

1.预防

（1）严格执行兽医卫生防疫措施。产羔季节流产母羊应严格隔离并进行治疗。流产胎儿、胎衣以及污染物要彻底销毁；粪便、垫草等要及时清除并进行无害化处理；流产地点及时消毒除害。染疫羊群中的羊不得出售，以免扩大传染。

（2）本病流行区可用当地分离的菌株制备弯杆菌多价灭活菌苗，对绵羊进行免疫接种，可有效预防流产。国外用多价苗注射母羊，效果良好。

2. 治疗

应用四环素口服治疗。四环素按每千克体重日服 20 ~ 50 毫克，分 2 ~ 3 次服完。

第五节　附红细胞体病

一、概述

羊附红细胞体病（ovine eperythrozoonosis）也叫作红皮病、血虫病，是一种传染病，是由于机体血浆或者红细胞表面寄生有附红细胞体（eperythrozoon ovis）而引起。该病往往会导致病羊出现急性发热、四肢无力、精神沉郁、食欲不振或者废绝、贫血性黄疸、结膜苍白或黄染，妊娠母羊发生流产、产出死胎，严重时还会造成死亡。我国 2008 年修订的《一、二、三类动物疫病病种名录》将该病列为三类动物疫病。

二、流行病学

该病通常在温暖季节容易发生，即夏、秋季节比较容易出现发病，特别是多雨之后非常容易出现发病，往往呈地方性流行。羊在任何日龄都能够感染该病，但只有妊娠母羊比较容易出现发病，尤其是哺乳羔羊具有较高的发病率和死亡率，有时甚至能够达到 80% ~ 90%，而其他羊只通常呈隐性感染。易感羊群混入感染羊只是引起该病发生的主要因素，并通过以下途径进行传播，如保定器械、剪刀、针头、手术器械等污染血液后都能够造成传播；体表寄生有吸血的节肢动物，如蚊蝇、疥螨、虱子等，也能够进行传播；公、母羊配种时彼此传播；母羊经由胎盘导致羔羊发生垂直传染。该病是一种多因素性疾病，即多种因素都能够诱发该病，如品种具有较弱的抗病能力，饲养环境卫生过差，饲料没有全价营养，饲养管理不当等。

三、临床症状

病羊体质虚弱，明显消瘦，体温升高，精神萎靡，食欲不振或者废绝，反刍逐渐减少或者停止，被毛粗乱，部分甚至四肢无力，无法稳定行走，往往呈俯卧状，拒绝走动，同时伴有腹泻，排出稀薄粪便，混杂黏液或者血液，并散发恶臭味。部分病羊会出现流涕、呼吸困难等症状，有黏液性黄色结痂存在于鼻孔周围。后期，病羊皮肤和可视黏膜苍白或者黄染，严重腹泻，甚至出现下痢现象，同时伴有贫血，体质消瘦，往往由于严重衰竭而发生死亡。少数病羊的后肢发生瘫痪，四肢抽搐，肌肉颤抖，有白色泡沫从口吐出，甚至肛门有血液排出，死亡时会出现急性溶血性贫血，病程一般持续1～3天。母羊患病后会导致生产性能降低，受胎率低，容易发生流产、产出死胎、木乃伊胎。

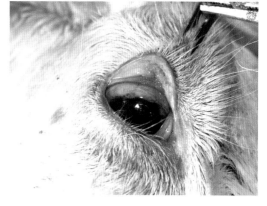

图 5-4　患病羊眼睑黄染

四、病理变化

黏膜浆膜黄染（图5-4，图5-5），肝脾肿大（图5-6），肝脏有脂肪变性，胆汁浓稠，肺、心、肾有不同程度的炎性变化。

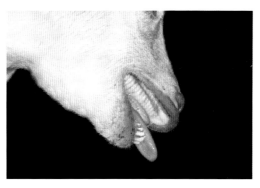

图 5-5　患病羊口腔黏膜黄染

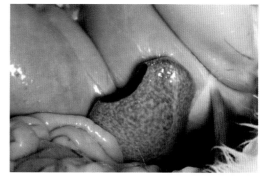

图 5-6　患病羊脾脏肿大，脾被膜结构模糊

五、诊断

依据临床症状、剖检变化可做出初步诊断。确诊需进行实验室诊断。病原体检查可取感染附红细胞体的末梢血或静脉血，按常规方法制片，姬姆萨染色或瑞特氏染色法染色，镜检（图5-7）。

细菌培养：无菌条件下取病死羊的肝脏、肾脏、肺脏、脾脏等组织，分别在鲜血培养基和普通琼脂培养基上接种，进行48小时的培养后，没有生长细菌。

血液涂片：在发病羊耳静脉取1滴血液滴加在载玻片上，再添加等量生理盐水进行稀释，然后盖上盖玻片，放在高倍显微镜下进行观察，能够看到大多数红细胞发生变形，呈菜花状、星形或者菠萝形，周围附着大量的附红细胞体。另外，血浆中也存在少量的虫体，呈圆形，且具有较轻的折光性，中央发亮，类似空泡，且能够迅速

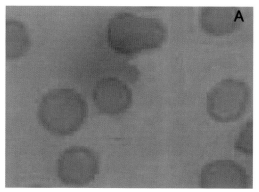
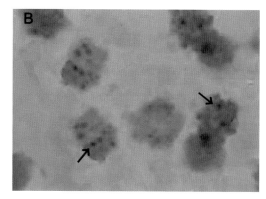

A：正常红细胞   B：蓝紫色附红细胞体附着于红细胞表面

图 5-7　吉姆萨氏染色观察

游动。

血涂片瑞氏染色镜检：在发病羊耳静脉处取血液滴加在载玻片上，按照常规方法制成血涂片，干燥后进行固定，经过瑞氏染色放在显微镜下检查，能够看到淡红色的红细胞，以及淡蓝色的附红细胞体，并在红细胞表面单个或者成串地附着，呈圆形。

六、防治措施

加强饲养管理：炎热夏季要加强驱螨灭蜱和灭蚊蝇，从而将动物传播途径彻底切断。羊只日常饲喂适口性良好的饲料，且为确保获取全面营养，尽可能使用多样化饲粮。另外，夏季要确保供给足够饮水，尽可能避免发生热应激。羊场圈舍加强卫生消毒，定期对环境和饲养用具等使用生石灰等消毒药进行严格消毒，保证圈舍、饲养环境以及水食槽等清洁卫生良好。粪便和垫料要及时清除，避免环境场地等出现重复污染，特别是使用药物进行驱虫时必须及时清除粪便，并采取堆积生物热发酵处理。

药物治疗：病羊可按每千克体重使用 5 ～ 9 毫克血虫净（贝尼尔），添加生理盐水配制成浓度为 5% ～ 7% 的溶液，在臀部深层进行肌内注射，间隔 1 天 1 次，连续使用 2 次。同时，病羊配合使用抗生素和解热药进行对症治疗，防止出现继发感染。如果病羊体质较弱，可静脉注射由 250 毫升浓度为 100 克每升的葡萄糖、10 毫升维生素 C、250 毫升浓度为 100 克每升的安钠咖或者氨基酸注射液组成的混合溶液 1 次。在病羊恢复过程中，还可配合使用牲血素，能够促进病羊尽快康复，而妊娠母羊可肌内注射多西环素、土霉素等。如果病羊出现发喘现象，可按每千克体重肌内注射 0.1 ～ 0.2 毫升赛氟头孢，每天 1 次。如果病羊并发有肺炎，不仅要采取以上治疗措施，还可灌服中药，

即取 20 克生石膏，10 克黄芩，20 克天花粉，6 克甘草或者清肺散，添加开水冲服，以上药量适宜 2 只成年病羊使用。采取以上治疗措施，病羊通常经过 1 周病状逐渐减轻，精神好转，逐渐增加采食，逐步恢复。

第六节 羊衣原体病

衣原体病是由衣原体引起的多种畜、禽和人共患的传染病总称。有多种临床表现。羊衣原体病主要由流产衣原体引起，妊娠母羊易发生流产、死产和产弱羔。详见"第四章第八节羊衣原体病"中的"流产型"。

第七节 难产

难产是由于各种原因，使正常分娩过程受阻，母畜不能顺利排出胎儿的产科疾病。

难产如果处理不当，不仅会危及母体及胎儿的性命，而且往往能引起母畜生殖道疾病，影响以后的繁殖力。因此，积极防止和正确处理难产，是兽医产科工作者的一项极为重要的任务。

一、难产的原因

（1）产力异常。产力是分娩的动力，由母畜腹肌的收缩和子宫阵缩形成。由于母体营养不良、疾病、疲劳、分娩时外界因素的干扰，以及不适时的给予子宫收缩剂等，均可使母畜阵缩及努责微弱。

（2）产道异常。如骨盆畸形、骨折，子宫颈、阴道及阴门的瘢痕、粘连和肿瘤，以及发育不良，都可造成产道的狭窄和变形。

（3）胎儿异常。见于胎儿过大、胎儿活力不足、胎儿畸形、胎儿姿势（即胎儿各部分之间的关系）不正、胎向（即胎儿身体纵轴与母体纵轴之间的关系）不正和胎位（即胎儿背部与母体背部或腹部之间的关系）不正等。

二、难产检查

救治难产的目的是确保母体的健康和以后的生育能力，而且能够挽救胎儿的生命。难产时手术助产的效果如何，与诊断是否准确有密切关系。因此，只有在术前进行详细检查，确定母畜及胎儿的反常情况并通过全面的分析和判断，才能正确拟定切实可行的助产方案，采用合理的助产方法，准确判断预后。然后还要把检查的结果，预定的手术方法以及预后向畜主说明，争取在手术过程中取得畜主的积极支持和密切配合。因此，难产的检查是救治难产的一项重要环节。

难产检查包括以下几个方面。

（1）询问病史。需要了解清楚妊娠的时间及胎次，分娩开始的时间及分娩时产畜的表现，胎膜是否破裂，羊水是否排出，是否作过何种处理及处理后的效果如何等。同时，还应了解过去发生过的疾病，如阴道、阴门损伤，骨盆骨折及腹部的外伤等均对胎儿的排出有阻碍作用。

（2）全身检查。包括产畜的精神状况、体温、呼吸、脉搏、努责程度及能否站立等。

（3）产畜外阴部的检查。应检查阴门、尾根两旁及荐坐韧带后缘是否松弛，能否从乳头中挤出初乳等，以推断妊娠是否足月，骨盆及阴门是否扩张。

（4）产道及胎儿的检查。先以消毒手臂伸入产道，检查阴道黏膜的松软滑润程度、子宫颈的扩张程度和骨盆的大小等，进而判定胎儿的生死、胎位、胎向及胎势，以便决定助产的方法。

胎儿生死的判定：可间接（胎膜未破时）或直接（胎膜已破时）触诊胎儿的前置部分进行判断。正生时，手指伸入胎儿口内或压迫眼球和牵拉前肢，以感知其有无活动，也可触诊胸壁以感觉有无心跳（图5-8）；倒生时，手指伸入胎儿肛门以感知有无收缩，

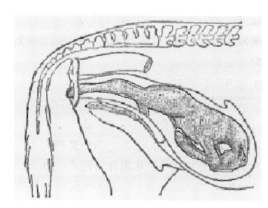

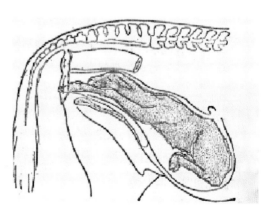

图 5-8　正生　　　　　　　　　　　　　　图 5-9　倒生

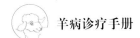

或用手触摸脐动脉以感其是否有搏动（图5-9）。但要注意，虚弱胎儿反应微弱，应耐心细致地从多方面进行检查。

胎位、胎向及胎势的判定：胎头向着产道为正生，胎儿臀尾向着产道为倒生。

难产时的胎位，有正生下位、倒生下位、正生侧位、倒生侧位；胎向有腹部前置横向、背部前置横向、腹部前置竖向、背部前置竖向；胎势有正生时的头颈侧弯、头颈下弯、腕关节屈曲及肩关节屈曲，倒生时的髋关节屈曲和跗关节屈曲等。

三、助产前的准备

（1）场地的选择和消毒。助产时应在宽敞、明亮、温暖的室内进行，亦可在避风、清洁的室外进行。助产场地要用消毒液喷洒消毒，为避免术者手臂与地面接触，减少感染，应在产畜后躯下面铺垫清洁的垫草，并在其上加盖宽大的消毒油布或塑料布。

（2）产畜的保定。最好使产畜取前低后高的站立姿势。当产畜不能站立时，可取前低后高的侧卧姿势，并予以适当保定。若产畜努责剧烈而不利于助产时，可行硬膜外腔麻醉。

（3）术部及术者手臂的消毒。用1%煤酚皂溶液或0.1%新洁尔灭溶液清洗外阴部及后躯，再以酒精棉球擦拭外阴部。术者手臂，按常规消毒，戴长臂薄膜手套，涂石蜡油润滑。

（4）常用的产科器械。

①拉出胎儿的器械。

产科绳：一般应用质地柔软结实的棉绳，其直径为0.5～0.8厘米，长为2～2.5厘米，绳的一端有一套环。

绳导：当用手难以将绳套套住胎儿的某一部分时，可将产科绳或线锯条一端缚在绳导上带入产道，绕过所需套绳的部位固定。常用的绳导有长柄绳导和环状绳导。

产科钩：用于牵引死胎儿，有单钩和复钩，单钩可钩住眼眶、下颌骨、耳道、骨盆及其他坚固组织。复钩用于钩住两眼窝或两眼角内、脊椎、颈部、荐部等。一般有单钩、眼钩、复钩。

产科钳：用于钳住小动物胎头、拉出胎儿。

②推退胎儿的器械：如产科挺用于推退胎儿，以便于矫正胎儿。

③截胎用器械：如隐刃刀、产科刀、产科线锯等，主要用于支解胎儿。

四、难产救助原则

（1）难产助产的目的是保全母子两者生命和避免产畜生殖器官与胎儿损伤感染，故难产助产必须及早进行；当有困难时，多保全母畜。

（2）难产助产是一项艰苦细致的工作，需要花大气力和较长时间。因此，要不怕脏、不怕累，并严格遵守操作规程。

（3）拉出胎儿前，必须矫正胎儿任何反常部分，并应在子宫颈完全开张或仅完全开张时进行；矫正胎儿异常部分时，应尽可能把胎儿推回子宫内，然后再行矫正。

（4）拉出胎儿时，为使胎儿易于通过母体骨盆，除顺着母体骨盆轴向外拉，还应使胎儿肩部（正生）成斜位或臀部（倒生）成侧位，并随母畜努责徐徐拉出。

（5）使用产科器械时，要固定牢靠，并注意保护锐部以防损伤产道。

（6）产道干燥时，用灭菌石蜡油或温肥皂水灌注，以润滑产道。

（7）产畜外阴部、术者手臂、产科器械，均须严格消毒。

五、常用助产术

救治难产时，可供选用的方法很多，但大致可分为用于胎儿的手术（如牵引术、矫正术、截胎术）和用于母体的手术（如剖腹产术）两大类。

（1）牵引术。它又称拉出术，是指用外力将胎儿拉出母体产道的一种方法，是救治难产最常用的一种助产术。

适用范围：

①胎位、胎向、胎势正常，产道松弛开张，就是因母畜产力不足而无法自行排出胎儿时，或胎儿相应过大而排出困难时。

②胎儿倒生时，为防止脐带受压而引起胎儿死亡时，用牵引术加速胎儿排出。

（2）矫正术。它是指通过推、拉、翻转、矫正或拉直胎儿四肢的方法，将异常的胎位、胎向、胎势矫正到正常的手术。

适用范围：胎势、胎位、胎向异常。

（3）截胎术。截胎术是术者借助于隐刃刀、线锯、铲或绞断器等器械，为缩小胎儿体积而支解或除去胎儿身体某部分，便于取出胎儿的手术。

截胎术可分为皮下法和开放法两种。

皮下法也叫覆盖法，是在截除胎儿的某一部分以前，首先将皮肤剥开，截除后皮肤留在躯体上，盖住断端，这样既可避免损伤母体，又可用来拉出胎儿。

开放法就是直接截除胎儿某一部分，但不留皮肤。

适用范围：

①胎儿已死亡且过大（包括畸型怪胎）而无法拉出。

②胎儿的胎势、胎向、胎位严重异常而无法矫正拉出。

（4）剖腹产术。剖腹产术是指通过切开母体腹壁及子宫取出胎儿的手术。

适用范围：

① 骨盆发育不全（交配过早）、骨折、畸形、肿瘤等使骨盆狭窄。

② 子宫颈狭窄无继续扩张的迹象或闭锁。

③ 胎儿过大无法拉出，胎儿畸形而难于施行截胎术；胎势、胎位、胎向严重异常而无法矫正等均可采用剖腹产术。

④ 母畜妊期满，因患其他疾病生命垂危，须剖腹抢救仔畜时。

第八节　乳房炎

一、概述

乳房炎可分为乳房实质炎与间质炎两大类；此外根据发病原因及病的发展程度又可分成若干种。奶用山羊患乳房炎以后，往往可使奶质变坏，不能饮用。该病引起的损失并不亚于绵羊患皮肤病的情况。有时由于患部循环不好，引起组织坏死，甚至造成羊只死亡。

二、发病原因

（1）受到细菌感染，主要是因为乳房不清洁引起的感染。山羊一般为链球菌及葡萄球菌，绵羊除过这两种球菌外，尚有化脓杆菌，大肠杆菌及类巴氏杆菌等。乳用山羊还可以见到结核性乳房炎。此外，在无论山羊或绵羊的乳房中，都可遇到假结核杆菌。这种细菌可使乳房中生成脓疡，损坏乳腺功能。

（2）挤奶技术不熟练，或者挤奶方法不正确。

（3）分娩后挤奶不充分，奶汁积存过多。

（4）由乳房外伤引起，如扩大乳孔时手术不细心。

（5）由于受寒冷贼风的刺激。

（6）因为患感冒、结核、口蹄疫、子宫炎等疾病引起的。

三、临床症状

病初奶汁无大变化。严重时，由于高度发炎及浸润,使乳房发肿发热,变为红色或紫红色(图5-10)。用手触模时，羊只感到痛苦，因之挤奶困难，即使勉强挤奶，乳量也大为减少。乳汁中常混有脓液或血液，故呈黄色或红色。患出血性乳房炎时，乳汁呈淡红色或血色，内合小片絮状物，乳房剧烈肿胀，异常疼痛。如果发生坏疽，手摸时必然感到冰凉。由于行走时后肢摩擦乳房而感到疼痛，因此发生跛行或不能行走。病羊食欲不振，头部下垂，精神萎靡，体温增高。检查乳汁时，可以发现葡萄球菌、化脓杆菌、链球菌及大肠杆菌等，但各种细菌不一定同时存在。如为混合感染，病势一定更为严重。

图 5-10　病羊乳房肿胀，变为紫红色

乳房炎在奶羊群中的发生程度并不亚于奶牛，虽然死亡率不高。但在乳房内形成脓肿时，很容易使乳房损坏一半，甚至全部失去作用。这时虽未完全失去育种价值，但留养已很不经济。

四、防治措施

一般来说，奶量越高的羊，得乳房炎的机会越多。预防办法如下。

（1）避免乳房中奶汁积留。绵羊所产的奶，一般只供小羊吃，如果奶量较大，吃不完的奶存留在乳房内，便有增多乳腺抵抗力的倾向（如对损害、寒冷及传染等），故对这种母羊应当随时注意干奶；可经常挤奶或让其他羔羊吃奶，或者减少精料使奶量减低，避免余奶积留。

山羊虽然希望奶量尽量增加，但应避免乳房中奶汁积留。要根据奶量高低决定每日挤奶次数及挤奶间隔时间。每次挤奶应力求干净。一般奶羊每日应挤奶 2 次，高产山羊可挤 3 ~ 4 次，产奶量特别高的山羊，甚至可以增加到 5 ~ 6 次。

（2）经常保持清洁。

①经常洗刷羊体（尤其是乳房部），以除去松疏的被毛及污染物。

②每次挤奶以前必须洗手，并用开水或漂白粉溶液浸过的布块清洗乳房，然后再用净布擦干。

③经常保持羊棚清洁，定时清除粪便及不干净的垫草，供给洁净干燥的垫草。

④避免把产奶山羊及哺乳绵羊放于寒冷环境，尤其是在雪雨天气时更要特别注意。

⑤哺育羔羊的绵羊，最好多进行放牧，这样不但可以预防乳房炎，而且可以避免发生其他疾病。

⑥在挤病羊奶时，应另用一个容器，病羊的奶应该毁弃，以免传染。并应经常清洗及消毒容器。

及时隔离病羊，然后进行治疗。治疗方法可分为局部及全身两种。

（1）局部治疗。

①进行冷敷，并用抗生素消炎：初期红、肿、热、痛剧烈的，每日冷敷 2 次，每次 15 ～ 20 分钟。冷敷以后，用 0.25% ～ 0.5% 普鲁卡因 10 毫升，加青霉素 20 万国际单位；分为 3 ～ 4 个点，直接注入乳腺组织内。

②进行乳房冲洗灌注：先挤净坏奶，用消毒生理盐水 50 ～ 100 毫升注入乳池，轻轻按摩后挤出，连续冲洗 2 ～ 3 次。最后用生理盐水 40 ～ 60 毫升溶解青霉素 20 万国际单位。注入乳池，每日 2 ～ 3 次。

③出血性乳房炎：禁止按摩，轻轻挤出血奶，用 0.25% ～ 0.5% 普鲁卡因 10 毫升溶解青霉素 20 万国际单位，注入乳房内。如果乳池中积有血凝块，可以通过乳头管注入 1% 的盐水 50 毫升，以溶解血凝块。

④乳房坏疽：最好进行切除。

⑤慢性炎症：用 40 ～ 45℃热水进行热敷，或用红外线灯照射，每日 2 次，每次 15 ～ 20 分钟。然后涂以 10% 樟脑软膏。

（2）全身治疗。为了暂时制止泌乳机能，可行减食法，即减少精料给量；少喂多汁饲料，如青贮科、根菜类及青储饲料；限制饮水。主要喂给优质干草，如苜蓿、三叶草及其他豆科牧草。

因是采取减食疗法，故在病羊食欲减退时，不需要设法促进食欲。

体温升高时，可灌服磺胺类药物，用量按每千克体重 0.07 克计算，4 ～ 6 小时一次，第一次用量加倍。或者静脉注射磺胺塞唑钠或磺胺。嘧啶钠 20 ～ 30 毫升，每日 1 次。也可以肌内注射青霉素，每次 20 万 ～ 40 万国际单位，每日 2 ～ 3 次。

应用硫酸钠 100 ～ 120 克，促进毒物排出和体温下降。

如果乳房炎很顽固，长时期治疗无效，而怀疑为特种细菌感染时，可采取奶汁样品，进行细菌检查。在病原确定以后，选用适宜的磺胺类药物或抗生素进行治疗。

凡由感冒、结核、口蹄疫、子宫炎等病引起的乳房炎，必须同时治疗这些原发病。

>> 第六章
羊主要营养代谢性疾病

第一节　绵羊妊娠毒血症

一、概述

绵羊妊娠毒血症（pregnancy toxemia of sheep）是妊娠末期母羊由于碳水化合物和挥发性脂肪酸代谢障碍而发生的一种亚急性代谢病，以低血糖、酮血症、酮尿症、虚弱和失明为主要特征。绵羊妊娠毒血症又名双羔病，怀双羔或三羔的怀孕母羊更易发此病。在 5 ~ 6 岁的绵羊比较多见，通常都发现于怀孕的最后一个月之内。不管肥瘦如何都能发生。

二、发病原因

发病原因尚未十分清楚，比较公认的理论是因日粮中碳水化合物含量低，造成碳水化合物的代谢扰乱，导致病羊患有不同程度的低血糖和高血酮（酮血病）。

目前认为下列各种情况容易引起该病的发生。

（1）与营养不足有关。营养不足的羊患病的占多数。营养丰富的羊也可以患病，但一般在症状出现以前，体重有减轻现象，关于减轻的原因还不明了。

①孕羊的饲料不足：大多数都是怀羔多而喂精料太少。另一方面，也因为在胎儿继续发育时，不能按比例增加营养。

②冬草储备不足，母羊因饥饿而造成身体消瘦。

③孕羊因患其他疾病，影响到食欲废绝。

（2）由于营养过度。由于经常喂给精料过多，特别是在缺乏粗饲料的情况下而喂给含蛋白和脂肪过多的精料时，更容易发病。

（3）与舍饲多而运动不足有关。

（4）与管理方式有关。经常发生于小群绵羊，草原上放牧的大群羊不发病。

三、临床症状

由于血糖降低，表现脑抑制状态，很像乳热病的症状。病初见离群孤立。当放牧或运动时常落于群后。以后精神委顿、磨牙、头颈颤动、小便频繁、呼吸加快、气息带有甜臭的酮味。显出神经症状，特别迟钝或易于兴奋。病羊不愿走动，当强迫行动时，步态蹒跚，无一定方向，好像瞎眼。食欲消失，饮水减少，迅速消瘦，以至卧地不起。

经过数小时到 1 ~ 2 天，变为虚脱，病羊静卧，胸部靠地，头向前伸直或后视胁腹部，或甚至倒卧，经数小时到 1 天左右昏迷而死。如不治疗，除在病的早期生下小羊以外，大部均归死亡。所产的小羊均极衰弱，很难发育良好，而且大多数早期死亡。

四、病理变化

尸体非常消瘦，剖检时没有显著变化。病死的母羊，子宫内常有数个胎儿，肾脏灰白而软。主要变化为肝、肾及肾上腺脂肪变性。心脏扩张。肝脏高度肿大，边缘钝，质脆，由于脂肪浸润，肝脏常变厚而呈土黄色或柠檬黄色，切面稍外翻，胆囊肿大，充积胆汁，胆汁为黄绿色水样。肾脏肿大，包膜极易剥离，切面外翻，皮质部为棕土黄色，满布小红点（为扩张之肾小体），髓质部为棕红色，有放射状红色条纹。肾上腺肿大，皮质部质脆，呈土黄色，髓质部为紫红色。右心室高度扩张，冠状沟有孤立的出血点及出血斑，心肌为棕黄色，质略脆。肺臌胀，两侧肺尖高度充气，膈叶淤血水肿，色暗红，气管及支气管空虚。大脑半球脑沟中的软脑膜有清亮液体，丘脑白质有散在的出血点。消化器官多无大变化。

五、诊断

（1）首先应了解绵羊的饲养管理条件及是否妊娠。

（2）根据特殊的临床症状和剖检变化进行诊断。

根据实验室检查时，血、尿、奶中的酮体和丙酮酸增高，以及血糖和血红蛋白降低。

①血中酮体增高至 7.25 ~ 8.70 毫摩 / 升或更高（高酮血症）。

②血糖降低到 1.74 ~ 2.75 毫摩 / 升（低血糖症）。而正常值为 3.36 ~ 5.04 毫摩 / 升。

③病羊血液蛋白水平下降到 4.65 克 / 升（血红蛋白过少症）。

在病的早期，尿中酮体含量增高至 82.77 ~ 537.66 毫摩 / 升。最特殊的是，呼出的气体有一种带甜的氯仿气味，当把新鲜奶或尿加热到蒸汽形成时，氯仿气味更为明显。

以上这些现象，在临床症状出现之前就已发生。因此，可在临床症状出现前，测定血液中的蛋白、糖、丙酮酸及酮体。

为了对酮尿病建立早期诊断，应该在实验室进行酮体试验。即应用硝基氰化钠、硫酸铵、醋酸、氢氧化铵来检查尿中的酮体含量。

当尿中的酮量不超过或者略超过正常含量时，该试验也常表现阳性结果。因此在用于检查病态的酮尿时，只有当它们呈特别强的阳性反应，或者用稀释的尿也呈阳性反应时，才有诊断意义。

由于原发性或继发性酮病的，尿酮含量都波动很大，因此为了鉴别这两种情况，最好用血液或奶汁进行试验，因奶中酮体含量大致和血液相等。

试验法：

① 先配好试剂：硫酸铵 100 克，无水碳酸钠 50 克，硝普酸钠（即亚硝基铁氰化钠）1 克，将三种试剂加到一起，磨细，保存备用。

② 取一试管，盛配好的试剂 0.5 ~ 1.0 克，加奶汁 8 ~ 10 毫升于其上。

③ 判定：如果奶中酮体增加，将在奶汁和试剂接触面之间形成一个紫色环，后来延伸于整个试剂中。

颜色的深度决定于丙酮和乙酰醋酸的含量。明显的阳性反应，说明为酮体高度增多的酮病，因为酮体量少时，这种反应是不明显的。

六、防治措施

1. 预防

主要从饲养管理着手，合理地配合日粮，尽量防止日粮成分的突然变化。以下方法可供参考。

（1）刚配种以后，饲养条件不必太好。在怀孕的前 2 ~ 3 个月内，不要让其体重增加太多。2 ~ 3 个月以后，可逐渐增加营养。直到产羔以前，都应保持良好的饲养条件。

（2）如果没有青贮料和放牧地，应尽量争取喂给豆科干草。

（3）在怀孕的最后 1 ~ 2 个月，应喂给精料。喂量根据体况而定，从产前 2 个月开始，每日喂给 100 ~ 150 克，以后逐渐增加，到临分娩之前达到 0.5 ~ 1 千克 / 天。肥羊应该减少喂料。

（4）在怀孕期内不要突然改变饲养习惯。饲养必须有规律，尤其在怀孕后期，当天气突然变化时更要注意。

（5）保证足量运动。每天应进行放牧或运动 2 小时左右，至少应强迫行走 500 米左右。

（6）当羊群中已出现发病情况时，应给孕羊普遍补喂多汁饲料、小米汤、糖浆及多纤维的粗草，并供给足量饮水。必要时还可加喂少量葡萄糖。

2. 治疗

（1）首先给予饲养性治疗。停喂富含蛋白质及脂肪的精料，增加碳水化合物饲料，如青草、块根及优质干草等。

（2）强运动。对于肥胖的母羊，在病的初期作驱赶运动，使身体变瘦，可以见效。

（3）大量供糖。给饮水中加入蔗糖、葡萄糖或糖浆，每日重复饮用，连给4～5天，可使羊逐渐恢复健康。水中加糖的浓度可按20%～30%计算。为了见效快，可以静脉注射20%～50%葡萄糖溶液，每日两次，每次80～100毫升。只要肝、肾没有发生严重的组织学变化，用高糖疗法都是有效的。

（4）克服酸中毒。可以给予碳酸氢钠，口服、灌肠或静脉注射。

（5）服用甘油。根据体重不同，每次用20～30毫升，直到痊愈为止。一般服用1～2次就可获得显著效果。

（6）注射可的松或促皮质素。醋酸可的松或氢化可的松为10～20毫克。前者肌内注射，后者静脉注射（用前混入25倍的5%葡萄糖或生理盐水中）。也可肌内注射促皮质素。

（7）人工流产。因怀孕末期的病例，分娩以后往往可以自然恢复健康，故人工流产同样有效。方法是用开腟器打开阴道，给子宫颈口或阴道前部放置纱布块。也有人主张施行剖腹产术。

第二节　低镁血症

一、概述

低镁血症是由镁元素代谢障碍引起的疾病，根据病因又称牧草搐搦，牧草蹒跚，麦田中毒等。在迅速生长的春季草场放牧或在青绿禾谷类作物田间放牧，可引发本病。泌乳奶羊容易发病。

二、发病机理

可能因植物含镁低而含钾高，钾又和镁竞争吸收，而继发低镁血症。在羊体内尚无明显有效的维持镁平衡的机制，缺乏动员大量镁贮的能力。血清镁的精细平衡，在很大程度上依赖于饲料镁的每日摄入量，当摄入镁明显减少，或摄入镁的利用率降低，即可引起低镁血症。在低镁血已存在的情况下，若发生完全或部分饥饿，将使血镁水平进一步下降而发病。不管低镁血是否存在，泌乳羊一段时间的饥饿，足以引起明显的低镁血症。另外，低镁血症的发生可能与热量不足和甲状腺机能亢进有关。

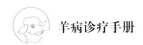

三、临床症状

通常是突然死亡。在早期阶段，表现蹒跚，过度兴奋，肌肉搐搦，磨牙。如果不及时治疗，就会迅速倒地，痉挛，口吐白沫，昏迷而死亡。

四、诊断

从舍饲转入丰盛的草场，气候突变，或放牧于麦类草场，如遇到泌乳母羊突然发生运动不协调，过敏或搐搦，即可怀疑为本病。血液中镁、钙含量降低有助于诊断。

五、防治措施

1.预防

补饲含镁矿物质，因为大部分低镁血症发生在冬季和早春，此时都有补饲精料的习惯，在精料中添加菱镁矿石粉，每天每只羊可按 8 克加入，或加入氧化镁，每天每只羊按 7 克加入，或隔日加 14 克，都有明显效果。改善草场植被中的镁含量，草地上按每公顷喷洒 14 千克菱镁矿石粉，或者在肥料中加入氧化镁，都有预防低镁血症的作用。

2.治疗

在病的早期，用 20% 硫酸镁溶液 40 ~ 60 毫升，一次皮下多点注射。应用 25% 硼葡萄酸钙和 5% 次磷酸镁混合液（1∶1）80 毫升，一次缓慢静脉注射，效果更好。

第三节　骨质软化症

一、概述

骨质软化症是成年羊，由于钙、磷代谢紊乱而发生的以骨质脱钙、骨质疏松和骨骼变形为特征的一种骨营养不良性疾病。饲料中含磷不足或钙磷比例失调；甲状旁腺机能亢进；怀孕与泌乳，矿物质补充不足等。

二、发病机理

由于饲料中含磷不足或钙磷比例失调，使钙、磷代谢紊乱和调节发生障碍，使血液中钙含量下降，间接地刺激甲状旁腺激素的分泌，导致骨骼中钙盐溶解和促进肾小管重吸收以维持血钙水平，来满足机体的需要，从而使骨骼发生明显的脱钙，呈现骨质疏松。这种疏松结构由被过度形成的未钙化的骨样组织所代替，从而引起骨质软化。

三、临床症状

主要表现为消化机能紊乱，食欲不振，消瘦，异食癖；拱背，站立时四肢微屈曲，喜卧，走路摇摆无力或跛行。严重的卧地不起。椎骨、盆骨和肋骨容易发生骨折。严重的骨软病病例，用骨穿刺针或注射针头额骨穿刺检查，易刺入骨内。

四、诊断

依据病史，饲养条件和临床症状不难作出诊断。血清中游离羟脯氨酸升高是早期诊断（检测）的依据。同时应注意与关节炎、风湿病和氟中毒相区别。

五、防治措施

（1）预防。加强饲养管理，根据羊的不同生理阶段对矿物质营养的需要，及时调整日粮中的钙磷比例及维生素 D 的含量是预防本病的关键。

（2）治疗。20% 的磷酸二氢钠 100 ~ 200 毫升，静脉注射，5 ~ 7 天为一疗程；或用磷酸钙 3 ~ 10 克，口服。

第四节　白肌病

一、概述

白肌病在绵羊羔及仔山羊都可发生，其特征是心肌与骨骼肌发生变性，受病严重的骨骼肌呈灰白色，病羊步态僵硬，故有些地区又称为僵羔。本病常在春夏之间呈地方流行性，砂土或沼泽地区发生较多，1 ~ 5 周龄的羔羊及仔山羊最易患病。死亡率有时可达 40% ~ 60%。

二、发病原因

该病既非传染病，又非遗传性疾病，目前一般认为主要是由于缺乏维生素 E 和微

量元素硒所引起。当饲料中硒的含量低于 0.1 毫克／千克和维生素 E 不足时，就可能发生硒－维生素 E 缺乏病。

羔羊缺硒病呈区域性分布，一般发生于北纬 35°～60° 的缺硒地带。在严重缺硒地区，白肌病的发病率可高达 90%。

三、临床症状

绵羊羔：病羔营养状况较差者居多，但发育良好者亦不少见。羔羊常于放牧及采食时突然倒地死亡，或者在典型症状出现后 1～2 天内死亡。病羔体温正常，胃肠蠕动无显著变化；心跳节律不齐，呈显著的传导阻滞和心房纤维颤动；病程较长者，最初精神沉郁，离群，不愿行动，食欲减少或废绝，以后卧地不起，颈部僵直而偏向一侧；如果强迫起立，轻者走路摇

图 6-1 患病羊眼结膜苍白

摆，肢体强硬（图 6-1）；重者站立不稳或举步跌倒；少数病羔有腹泻症状。

仔山羊：在发病初期，外部并无任何可见症状，仅仅是听诊时心跳无节律或有间歇。以后表现精神沉郁，被毛竖立而粗乱，食欲略减或废绝。有时不表现症状即突然死亡。但事实上能够从症状上发现病羊时，已经达到垂危阶段。在羊群中发病的最初阶段，可以见到约有 1/3 的病羊起立不便、喜卧、跛行、行走困难。站立时肌肉颤抖，特别发现在肩臂部和股部肌肉，严重时对周围刺激反应迟钝。在发病的后一阶段，不易看到运动器官发生障碍。大多数病羊表现呼吸粗厉，次数增多；结膜潮红，边缘稍黄；体温一般正常，唯有并发症时，可以升高到 40～41.3℃；听诊时，心跳加快，节律不齐，有间歇，部分病例还有舒张期杂音。少数病羊伴有顽固性下痢。

病程经过颇不一致，最严重者为突然不安，哀叫，呈兴奋状态，10～30 分钟死亡。较重者多经 3～4 天死亡。轻者经 2～3 周死亡，但为数极少。

四、病理变化

绵羊羔：尸体有时消瘦，有时营养良好。主要病变是肌肉发生对称性病变，即身体两侧的同种肌肉发生病变，其后腿最为明显。平常见到者为臂二头肌、臂三头肌、肩胛下肌、股二头肌及胸下锯肌等。有时咬肌与膈肌发生病变。病变肌肉呈弥散性或

局限性的浅黄色或灰黄色，有时为白色（图 6-2），肌组织干燥，表面粗糙不平；少数病例肌内硬化，有钙盐浸润。肌内中钙含量增加至 14% ~ 15%，而正常者仅为 2%。心包中有透明的或红色液体，心肌带灰色，较柔软，有时有出血点。心室扩大。

仔山羊：尸僵完全或不完全，血液凝固不良。心脏极度扩张，心肌厚薄不均，颜色淡。心肌变性，心内膜下（尤其是右心内膜下）心肌和乳头肌周围有灰黄色条纹，

图 6-2　患病羊颈部明显僵直，且偏向一侧

顺着肌纤维方向存在，状似虎斑。将病变部切开时，可见心肌纤维粗糙、色淡，其结构如木质纤维。在严重的病例，整个心内膜都布满有上述病变；骨骼肌变性，尤其是前后肢肌内（冈下肌、肩胛下肌、下锯肌、臂二头肌、臂三头肌、半腱肌、股直肌）和背最长肌变性比较明显，肌纤维粗糙，颜色淡白，其中夹杂着颗粒性增生物，并有淤血小点。肠系膜淋巴结肿胀，柔软，切面多汁，压之有大量乳白色液体流出；切面上有小粒状突出物。第四胃发炎、出血；十二指肠、空肠、回肠和部分盲肠黏膜呈紫红色，充血或出血，其内容物呈红色粥状。大部分病例的肠壁滤泡肿胀。

五、诊断

病羔死后的剖检所见，可作为诊断的主要依据。最明显者为肌内中有灰白色条纹存在，尤以后肢最为多见。显微镜下最清楚，在尸僵发生之前亦可在镜下观察其变化。

病羔的血清谷草转氨酶超过 200 国际单位／毫升，血清肌酸、磷酸转移酶和乳酸脱氢酶均有增加，补加维生素 E 到日粮中，可以降低乳酸脱氢酶的含量，并可防止与一羟基巴土酸对红细胞的溶解作用。

尿中含有大量肌酸，也可作为临床诊断的重要根据之一。

六、防治措施

1. 预防

（1）应用 0.2% 亚硒酸钠皮下注射，预防效果良好。具体方法如下。

①注射年龄：1 — 2 月出生的羔羊，在日龄 20 天左右注射，一般不要晚于 25 日龄；3 月及以后出生的羔羊，一般在出生后半月时注射，尤其是 3 月以后出生的羔羊，最晚

不能超过 20 日龄，过迟了就有发病的危险。

②注射次数：一般进行两次预防注射，第一次注射后，间隔 20 天，再进行第二次注射。如果羔羊在 40 ~ 50 天时，天气连阴多雨，干草质量不好，青草又不能正常供应时，还可以进行第三次预防注射。

③注射剂量：应用 0.2% 亚硒酸钠溶液，每只羊第一次 1 毫升，第二、第三次各 1.5 毫升，作颈侧皮下注射。

亚硒酸钠溶液的配制方法是亚硒酸钠 0.2 克，加注射用水 100 毫升，盛入灭菌瓶内，待溶解后备用。配制液一般不需要过滤和消毒。

（2）在分娩之前给母羊皮下注射亚硒酸钠一次。用量为 4 ~ 6 毫克。

（3）供给孕羊维生素 A、维生素 D、维生素 E 及磷酸盐：在冬季可喂给豆科干草（干苜蓿最理想）、胡萝卜、大麦芽与骨粉。如在产后才发现产前饲料中缺乏维生素 A 和维生素 E，可以及早同时肌内注射维生素 A 和维生素 E。

当仔羊群中已经发病，应在治疗病羊的同时，给未发病羊注射治疗量的维生素 A 和维生素 E，或者用青苜蓿制作饲料膏，或者在饲料中拌入棉籽油。

2. 治疗

可将病羊放于宽敞通风的畜舍中，限制活动。然后按照以下方法治疗。

（1）给日粮中增加燕麦或大麦芽，补给磷酸钙，亦可拌入富含维生素 E 的植物油，如棉籽油、菜籽油等。

（2）用 0.2% 亚硒酸钠溶液一次皮下注射。作者曾用此法治疗大批发病羔羊，效果良好。用量为 1.5 ~ 2 毫升。亚硒酸钠对局部有刺激性，用药后部分羊苦叫不安，或有 1 ~ 2 次食欲减少，少数羊注射部位溃烂脱皮，都是正常现象；不必惊怕。

（3）皮下或肌内注射维生素 E，剂量为 10 ~ 15 毫克，每天 1 次，连续应用，直到痊愈为止。

第五节　佝偻病

一、概述

佝偻病是羔羊在生长发育期中，因维生素 D 不足，钙、磷代谢障碍所致的骨骼变形的疾病。此病多发生在冬春季节。

二、发病原因

该病主要见于维生素 D 摄入量不足及日光照射不够，以致哺乳羔羊体内维生素 D 缺乏；怀孕母羊或哺乳羊饲料中钙、磷比例不当。圈舍潮湿、污浊、阴暗，羊消化不良，营养不佳，均可成为该病的诱因。放牧母羊秋膘差，冬季末补饲，春季产羔，羔羊更易发此病。

三、临床症状

病羊轻者主要表现为生长迟缓、异嗜、喜卧、呆滞、卧地起立缓慢、四肢负重困难、行走步态摇摆，或出现跛行。触诊关节有疼痛反应，病程稍长则关节肿大，以腕关节、球关节较为明显。长骨弯曲，四肢可以展开，形如青蛙。后期病羊以腕关节着地爬行，后躯不能抬起。重症者卧地，呼吸和心跳均加快。

四、防治措施

改善和加强母羊的饲养管理，加强运动和放牧，给予青饲料，补喂骨粉，增加幼羔的日照时间。

药物治疗：可用维生素 AD 注射液 3 毫升，肌内注射；精制鱼肝油 3 毫升灌服或肌内注射，每周 2 次。为了补充钙制剂，可用 10% 葡萄糖酸溶液 5 ~ 10 毫升，静脉注射，亦可用维丁胶性钙 2 毫升肌内注射，每周 1 次，连用 3 次。

第六节　羔羊低糖血症

一、概述

羔羊低糖血症亦称新生羔体温过低，俗称新生羔发抖。本病常见于哺乳期的羔羊，绵羊羔和山羊羔均可发生，其特征是羔羊表现寒战，如不急救，很快发生昏迷而死亡。

二、发病原因

初生羔羊的血液中大约 100 毫升含有 50 毫克的右旋葡萄糖，这是生后初期热能的来源。但由于各种原因常可使血糖迅速耗尽而发生本病。羔羊出生时过弱；对初生羊喂奶延迟；如果气温太冷，而不及早喂奶供给能量，就越容易引起体温下降，而发生寒战；母羊缺奶或拒绝羔羊吃奶；患有消化不良或肝脏疾病；由于内分泌扰乱等均可诱发该病。

三、临床症状

由于血糖下降，病初羔羊全身发抖、毛立、拱背，盲目走动，步态僵硬。继而卧地、翻滚，经 15 ～ 30 分钟自行终止，也可能维持较长时间不能恢复，一般多为阵发性发作。早期轻症者，体温降至 37℃ 左右；呼吸迫促，心跳加快。重者身体发软，四肢痉挛，站立困难。耳梢、鼻端和四肢下部发凉。排尿失禁。最后躺卧卷曲，安静昏迷，如不抢救，会很快死亡。

四、防治措施

加强怀孕母羊的饲养管理，给予丰富的碳水化合物。给缺奶羔羊进行人工哺乳，做到定时适量。及时治疗消化不良和肝脏疾病。对于发病的羔羊群，可普遍补充葡萄糖粉。

若及时采取治疗措施，大部分可以恢复健康。首先注意保暖，将羔羊放到温暖的地方，用热毛巾磨擦羔羊全身。有条件的羊舍，可设置保温箱，内面安装电灯泡和散风扇。及早提供能量，可灌服 5% 葡萄糖溶液，每次 30 毫升，每日 2 次。亦可每日给葡萄糖粉 10 ～ 25 克，分两次口服。对于重症昏迷羔羊，口服法非常危险，应予缓慢静注 25% 葡萄糖溶液 20 毫升，然后继续注射葡萄糖盐水 20 ～ 30 毫升，维持其含量。亦可用 5% 葡萄糖溶液深部灌肠。待羔羊苏醒后，即用胃管投服温的初乳或让羔羊哺乳。人工喂给初乳时，初乳温度极为重要。如果温度不够，羔羊会表现急燥不安或拒绝吃奶。初乳用量在最初 24 小时以内争取达到 1 千克。

>> 第七章
羊主要中毒性疾病

第一节 氢氰酸中毒

一、概述

羊氢氰酸中毒是由于羊采食富含氰苷配糖体的青饲料植物，在胃内生成游离的氢氰酸而引发中毒。临床特征是呼吸困难、震颤、惊厥、可视黏膜鲜红、呼出气有苦杏仁味。

二、发病原因

主要由于采食或误食富含氰苷或可产生氰苷的饲料所致。

（1）高粱及玉米的新鲜幼苗均含有氰苷，特别是再生苗含氰苷更高。

（2）亚麻子含有氰苷，榨油后的残渣（亚麻子饼）可作为饲料；经过蒸煮后榨油，氰苷含量少，而机榨不经过蒸煮，则亚麻子饼内氰苷含量较高，易引起中毒。

（3）豆类。海南刀豆、狗爪豆等都含有氰苷，如不用水浸泡亦可引起中毒。

（4）蔷薇科植物。桃、李、梅、杏、枇杷、樱桃的叶和种子中含有氰苷，当喂饲过量时，均可引起中毒。

（5）木薯。木薯不剥皮、不加水浸泡直接饲喂，很容易引起中毒。

三、临床症状

本病发病迅速，采食富含氰苷饲料后15～20分钟就可表现症状。开始表现腹痛不安，站立不稳，全身肌肉震颤，呼吸急促，可视黏膜鲜红，静脉血液亦呈鲜红色。短时间内出现极度呼吸困难，心动过速，流涎，流泪，异常排粪、排尿，后肢麻痹而卧地不起，肌肉自发性收缩，甚至发展为全身性抽搐，出现前弓反张和角弓反张。后期全身极度衰弱，体温下降，眼球颤动，瞳孔散大，张口呼吸，终因呼吸麻痹而死亡。

四、病理变化

早期血液鲜红色，凝固不良，尸体亦为鲜红色，尸僵缓慢，不易腐败。延迟死亡的慢性病例因中毒时间持续延长，呼吸中枢抑制阻止血红蛋白与氧的结合，血液则为暗红色，且血凝缓慢。胃内容物有苦杏仁味，胃与小肠黏膜充血、出血，心内外膜下出血。气管内有泡沫状液体，肺充血、水肿。实质器官变性。

五、诊断

根据采食生氰植物的病史，发病突然且病程进展迅速，黏膜和静脉血鲜红，呼吸极度困难，神经肌肉症状明显，体温正常或偏低，剖检血液及组织鲜红色，即可作出初步诊断。

实验室诊断。氢氰酸定性与定量检验是确定诊断的依据。由于氢氰酸易挥发损失，故取样和检测应及时、尽快进行，一般采集可疑植物和瘤胃内容物、肝脏、肌肉等样品。肝脏和瘤胃内容物应在死后4小时内采集，肌肉样品取样不超过20小时，所有样品必须密封，或浸泡在1%～3%氯化汞溶液中送检。检验结果分析，以氢氰酸含量在可疑饲料（植物）中超过200毫克/千克，瘤胃内容物中超过10毫克/千克，肝脏达1.4毫克/千克以上，肌肉浸液含0.63毫克/升时即可确定为氢氰酸中毒。

六、防治措施

尽量限用或不用氢氰酸含量高的植物饲喂动物，不可避免时，可采取以下处理措施。

（1）氰苷在40～60℃时易分解为氢氰酸，其在酸性环境中易挥发，故对青菜、叶类可蒸煮后加醋以减少氰根的含量。

（2）木薯、豆类饲料在饲用前，须用流水或池水浸渍、漂洗1天以上；或边煮边搅拌至熟后利用，以使氰苷酶灭活、氢氰酸蒸发。

（3）亚麻籽饼应粉碎后干喂，或者进行敞盖搅拌煮熟后现煮现喂，避免较长时间的浸泡软化产生过多氢氰酸。

治疗原则。应尽早应用特效解毒药，同时配合排毒与对症、支持疗法。发病后立即用亚硝酸钠0.1～0.2克，配成5%溶液静脉注射；随后再注射5%～10%硫代硫酸钠溶液20～60毫升。也可用美蓝溶液代替亚硝酸钠。同时可配合应用0.5%高锰酸钾溶液或3%双氧水适量洗胃，或10%亚硫酸铁80～100毫升，活性炭15～50克内服以吸附。

第二节　亚硝酸盐中毒

一、概述

亚硝酸盐中毒，是一次性食入大量硝酸盐制剂引起的胃肠道炎症性疾病。亚硝酸

盐中毒是植物中的硝酸盐在体外或体内转化形成亚硝酸盐，进入血液后使血红蛋白氧化为高铁血红蛋白而失去携氧能力，引起以黏膜发绀、呼吸困难为临床特征的一种中毒性疾病。

二、发病原因

在自然条件下，亚硝酸盐是硝酸盐在硝化细菌的作用下还原为氨过程的中间产物，故其发生和存在取决于硝酸盐的数量与硝化细菌的活跃程度。家畜饲料中，各种鲜嫩青草、作物秧苗，以及叶菜类等均富含硝酸盐。在重氮肥或农药的情况下，如大量施用硝酸铵、硝酸钠等盐类，使用除草剂或植物生长刺激剂后，可使菜叶中的硝酸盐含量增加。在生产实践中，如将幼嫩青饲料堆放过久，特别是经过雨淋或烈日暴晒者，极易产生亚硝酸盐。羊采食的硝酸盐，可在瘤胃微生物的作用下形成亚硝酸盐。也可因误饮含硝酸盐过多的田水或割草沤肥的坑水而引起中毒。

三、临床症状

多发生于精神良好，食欲旺盛者，发病急、病程短。急性型病例除显示不安外，呈现严重的呼吸困难，脉搏疾速细弱，全身发绀，体温正常或偏低，躯体末梢部位厥冷。耳尖、尾端的血管中血液量少而凝滞，呈黑褐红色。肌肉颤栗或衰竭倒地，末期出现强直性痉挛。采食后 1 ~ 5 小时发病。除以上症状外，有流涎、腹痛、腹泻，甚至呕吐等症状。但仍以呼吸困难，肌肉震颤，步态摇晃，全身痉挛等为主要症状。

四、诊断

亚硝酸盐急性中毒的潜伏期为 0.5 ~ 1 小时，3 小时达到发病高峰，之后迅速减少，并不再有新病例出现。这一发病规律可结合病史调查，如饲料种类、质量、调制等，提出怀疑诊断。根据可视黏膜发绀、呼吸困难、血液褐色、抽搐、痉挛等特征性临床症状，即可作出初步诊断。

剖解血液暗褐如酱油状，凝固不良，暴露在空气中经久仍不变红。胃肠道各部有不同程度的充血、出血，黏膜易脱落，肠系膜淋巴结轻度出血。肝、肾呈暗红色。肺充血，气管和支气管黏膜充血、出血、管腔内充满带红色的泡沫状液。心外膜、心肌有出血斑点。

毒物分析及变性血红蛋白含量测定，有助于本病的诊断。

美蓝等特效解毒药进行抢救治疗，疗效显著时即可确诊。

急性硝酸盐中毒可根据急性胃肠炎与毒物检验作出诊断。

五、防治措施

1. 预防

（1）确实改善青绿饲料的堆放和蒸煮过程。实践证明，无论生、熟青绿饲料，采用摊开敞放是一个预防亚硝酸盐中毒的有效措施。

（2）接近收割的青饲料不能再施用硝酸盐或 2,4-D 等化肥农药，以避免增高其中硝酸盐或亚硝酸盐的含量。

（3）对可疑饲料、饮水，实行临用前的简易化验。

2. 治疗

治疗原则：特效解毒，催吐、下泻、促进胃肠蠕动和灌肠、输液，重症病畜还应采用强心、补液和兴奋中枢神经等支持疗法。

立即应用特效解毒剂美蓝或甲苯胺蓝，同时应用维生素 C 和高渗葡萄糖。1% 美蓝液（美蓝 1 克，纯酒精 10 毫升，生理盐水 90 毫升），每千克体重 0.1 ~ 0.2 毫升，静脉注射；5% 甲苯胺蓝，每千克体重 0.1 ~ 0.2 毫升，静脉或肌内注射；5% 维生素 C 液 60 ~ 100 毫升，静脉注射；50% 葡萄糖液 300 ~ 500 毫升，静脉注射。此外，向瘤胃内投入抗生素和大量饮水，阻止细菌对亚硝酸盐的还原作用。

第三节　黄曲霉毒素中毒

一、概述

黄曲霉毒素中毒是由于长期或大量摄食经黄曲霉污染的饲料所致的中毒性疾病。其临床特征是消化机能紊乱、神经症状和流产，剖检见肝变性、坏死和纤维化硬变。

二、发病原因

各种饲料如干花生苗、花生饼、玉米粉、谷类、豆类及其饼类、棉籽粉、酒糟，以及贮藏过的混合饲料，由于保管、贮存不当，在高温、高湿的环境条件下，黄曲霉极易生长，产生黄曲霉毒素。最易感染黄曲霉的是花生、玉米、黄豆等，最适宜黄曲

霉繁殖的温度是 24 ~ 30℃，相对湿度是 80%。

三、临床症状

羊发病后生长发育缓慢，营养不良，被毛粗乱、逆立无光泽。病初食欲不振，后期废绝。角膜混浊，常出现一侧或两侧眼失明。反刍停止，磨牙，呻吟，有时有腹痛表现，间歇性腹泻，排泄混有血液凝块的黏液样软便，表现里急后重症状，往往因虚脱昏迷死亡。妊娠母羊有时发生早产或排出死胎等。

四、病理变化

病羊消瘦，可视黏膜苍白，肠炎，肝脏苍白、坚硬，表面有灰白色区，胆囊扩张，腹水增多。

五、诊断

若发现可疑症状，必须了解病史，并对现场饲料样品进行检查，才能作出初步诊断。确诊必须参考病理组织学特征变化及黄曲霉菌毒素测定的结果。

六、防治措施

尚无解毒剂，主要在于预防。玉米、花生等收获时必须充分晒干，种子或油饼勿放置阴暗潮湿处而致使发霉。已被污染的处所可将门窗密闭，采用福尔马林、高锰酸钾水溶液熏蒸（每立方米空间用福尔马林 25 毫升，高锰酸钾 25 克，水 12.5 毫升的混合液）进行消毒。如已发现中毒，所有动物都不应再饲喂发霉饲料。严重发霉饲料还是以全部废弃为宜；至于轻度发霉饲料，可先进行磨粉，然后加入清水浸泡，反复换水。直至浸泡的水呈现无色为止，即使如此处理，仍须与其他精饲料配合应用。

当发生中毒时，就应立即停止饲喂霉败饲料，改饲碳水化合物多的青饲和高蛋白饲料，并减少或不喂含脂肪过多的饲料。除及时投服盐类泻剂排毒外，还要应用一般解毒、保肝和止血药物，如应用 25% ~ 30% 葡萄糖注射液，加维生素 C 制剂，心脏衰弱病例，皮下注射或肌内注射强心剂（樟脑油、安钠咖等）。

第四节　有机磷中毒

一、概述

有机磷中毒是由于羊接触、吸入或食入某种有机磷制剂，进入机体组织而引起的中毒性疾病。羊只表现为过度兴奋的神经症状。

二、发病原因

经常是因为羊误食喷洒有机磷农药的种子；应用有机磷杀虫剂防治羊体外寄生虫，剂量过大或使用方法不当；羊接触有机磷杀虫剂污染的各种工具、器皿等而发生中毒。

三、临床症状

病羊表现精神沉郁或狂躁不安，流涎，流泪，咬牙，口吐白沫，瞳孔缩小，眼球颤动，食欲消失，腹痛，反刍停止，严重拉稀，粪便带血，心跳、呼吸次数增加，呼吸困难，体温一般正常；病羊全身发抖，痉挛，运动失调后失去平衡，步态不稳，卧地不起，如不及时抢救，会因呼吸肌麻痹而窒息死亡。

四、病理变化

剖检胃黏膜充血，出血，肿胀，黏膜易脱落，肺充血肿大，气管内有白色泡沫，肝、脾肿大，肾脏混浊、肿胀，包膜不易剥落（图7-1，图7-2）。

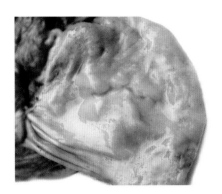

图 7-1　患病羊肺部出现淤血和水肿

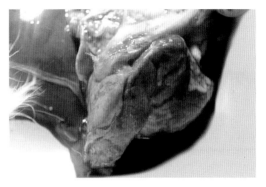

图 7-2　患病羊肺部出现淤血和水肿

五、防治措施

1.预防

严格农药的保管使用制度；妥善保管农药处理过的种子和配好的溶液；喷洒过有机磷的植物茎叶等用作饲料时，必须在停药后10天左右用清水冲洗干净；配制及喷洒农药的器具不可随便乱放，喷洒过农药的地方要有醒目标记，1个月内禁止放牧或割草；应用敌百虫等驱虫时，要正确掌握剂量、浓度和使用方法。

2.治疗

立即查清并排出毒源。尽快灌服盐类泻剂，清除胃内毒物。可用硫酸镁或硫酸钠30~40克，加水适量一次内服。使用特效解毒剂，可用解磷定、氯磷定，按每千克体重15~30毫克溶于5%葡萄糖溶液100毫升内，静脉注射。以后每2~3小时注射一次，剂量减半。根据症状缓解情况，可在48小时内重复注射。也可用双解磷、双复磷，其剂量为解磷定的一半，用法相同，或用硫酸阿托品，按每千克体重10~30毫克，肌内注射。症状不减轻则可重复应用解磷定和硫酸阿托品。

第五节　瘤胃酸中毒

一、概述

羊瘤胃酸中毒是由于羊采食精饲料过多或采食过量谷物饲料，或长期饲喂酸度过高的青贮饲料而引起瘤胃内乳酸增多，进而导致以前胃炎症为主的全身性酸中毒病。

二、发病原因

主要为过食富含碳水化合物的谷物如小麦、玉米、高粱、水稻或麸皮和糟粕等酸度过高饲料所引起。本病发生的原因主要是对羊管理不严，致使羊偷食大量谷物饲料或突然增喂大量谷物饲料，使羊突然发病。

三、临床症状

发病特别急剧的，常在无任何症状的情况下，于采食后3~5小时内呈急性消化不良，表现精神沉郁、腹胀、喜卧，亦见有腹泻，很快死亡；急性病例，病羊行动迟缓，步态不稳，呼吸急促，每分钟达 40 ~ 60 次，心跳加快，每分钟 100 次以上，气喘，常于发病后 1 ~ 3 小时死亡；病情较缓的，病羊表现精神高度沉郁，食欲废绝，反刍停止，鼻镜干燥，无汗，眼球下陷，肌肉震颤，走路摇晃。有的排黄褐色或黑色、黏性稀粪，有时含有血液，少尿或无尿；有的卧地不起，此种类型多发生于分娩后 3 ~ 5 小时，初卧地时多呈犬坐姿势，不久即横卧地上，开始时头尚能抬起，但不久即放下，四肢强直，双目紧闭，头有时向背部弯曲或甩头、呻吟、磨牙，体温正常或稍高（39.5℃左右），心跳加快，伴发肺气肿。

四、防治措施

加强饲养管理，精料喂量不宜过多，一定要加喂适量优质干草，青贮饲料酸度过高时，要经过碱处理后再喂。饲料中精料较多时，可加入 2% 碳酸氢钠，0.8% 氧化镁或 2% 碳酸氢钠与 2% 硅酸钠（按混合饲料总量计量）。加强对临产羊和产后羊的健康检查。

因进食大量谷物或精料而致病的，可施行瘤胃切开术，取出食物。口服氢氧化钙溶液（生石灰加水，取上清液灌服），以中和瘤胃中的乳酸及其他挥发性脂肪酸。补充体液（由林格尔溶液、葡萄糖盐水、生理盐水组成）每次 1 000 毫升，每天 1 ~ 2 次，同时补加 5% 碳酸氢钠溶液，以解除体内积存的酸性物质。为控制和消除炎症，可注射抗生素，如青霉素、链霉素、四环素。当病羊不安，严重气喘或休克时，可静脉注射山梨醇或甘露醇，剂量为 150 ~ 250 毫升，每天早晚各 1 次。病羊全身中毒减轻，脱水有所缓解，但仍卧地不起时，可适当注射水杨酸类和低浓度（5% 以内）的钙制剂。

 羊病诊疗手册

主要参考文献

蔡宝祥 . 2001. 家畜传染病学 [M]. 第 4 版 . 北京：中国农业出版社 .

陈怀涛 . 2003. 羊病诊断与防治原色图谱 [M]. 北京：金盾出版社 .

陈万选，陈爱云 . 2014. 羊病快速诊治指南 [M]. 河南：河南科学技术出版社 .

韩博 . 2014. 兽医内科与临床诊疗学研究 [M]. 北京：中国农业科学技术出版社 .

黄兵 . 2014. 中国家畜家禽寄生虫目录 [M]. 北京：中国农业科学技术出版社 .

江斌，林琳，吴胜会，等 . 2016. 羊病快诊速治 [M]. 福建：福建科学技术出版社 .

李贵兴 . 2009. 家畜疾病诊疗手册 [M]. 上海：上海科学技术出版社 .

刘湘涛，刘晓松 . 2011. 新编羊病综合防控技术 [M]. 北京：中国农业科学技术出版社 .

马利青 . 2016. 肉羊常见病防制技术图册 [M]. 北京：中国农业科学技术出版社 .

辛蕊华，郑继方，罗永红 . 2016. 羊病防治及安全用药 [M]. 北京：化学工业出版社 .

岳文斌，孙效彪，郑明学 . 2001. 羊场疾病控制与净化 [M]. 北京：中国农业出版社 .

岳文斌 . 2008. 羊场兽医手册 [M]. 北京：金盾出版社 .

张信，崔治国 . 2012. 羊病智能卡诊断与防治 [M]. 北京：金盾出版社 .